环境控制性详细规划编制研究与实践探索

陈　安　余向勇　等著

中国环境出版集团・北京

图书在版编目（CIP）数据

环境控制性详细规划编制研究与实践探索 / 陈安，余向勇等著. —北京：中国环境出版集团，2020.8（2024.1 重印）
ISBN 978-7-5111-4396-9

Ⅰ.①环… Ⅱ.①陈… ②余… Ⅲ.①城市环境—环境控制—城市规划—研究—宜昌 Ⅳ.①X321.263.3

中国版本图书馆 CIP 数据核字（2020）第 142800 号

出 版 人 武德凯
责任编辑 易 萌
责任校对 任 丽
封面设计 彭 杉

出版发行 中国环境出版集团
（100062 北京市东城区广渠门内大街 16 号）
网 址：http：//www.cesp.com.cn
电子邮箱：bjgl@cesp.com.cn
联系电话：010-67112765（编辑管理部）
010-67112739（第三分社）
发行热线：010-67125803，010-67113405（传真）

印 刷 北京建宏印刷有限公司
经 销 各地新华书店
版 次 2020 年 9 月第 1 版
印 次 2024 年 1 月第 2 次印刷
开 本 787×1092 1/16
印 张 15.5
字 数 265 千字
定 价 78.00 元

《环境控制性详细规划编制研究与实践探索》参著人员名单

顾　　问：王金南　吴辉庆　秦昌波

主　　任：陈　安　余向勇

副 主 任：杨晓东　万　军

参加人员：周劲松　张南南　肖　旸　熊善高

前　言

改革开放 40 多年以来，中国经济社会高速发展，与此同时，生态破坏、环境污染、资源浪费等一系列突出问题随之而来，且形势严峻。许多地区形成了以破坏生态环境为代价、环境污染超出环境容量、资源利用粗放、产业空间布局与城镇人居环境相冲突等为特征的城市发展模式，传统的城市发展道路在生态环境保护、资源节约集约利用方面存在突出短板。

土地开发是推动经济高速增长的重要驱动力，传统的土地开发偏重于土地资源的市场供需，忽视甚至无视生态、环境、资源的外部约束性，盲目的开发建设和城镇边界的无序扩张导致一系列严重的生态环境问题。传统的土地利用规划、城乡规划、交通规划、矿产资源开发规划等空间型规划偏重于土地、矿产、能源等资源的开发利用，对协调生态环境保护与经济发展的力度不够，对资源可持续利用的重视程度不够，城镇开发边界和生产空间急剧扩张，资源消耗总量和排污总量快速增长，许多地区土地开发规模、污染物排放总量及资源消耗水平接近甚至超出资源环境生态的承载能力，有的地区环境质量恶化、生态功能退化、珍稀濒危物种种群规模锐减甚至功能性灭绝、资源枯竭，有的地区在城市主导风向上布局重污染产业，对人居生活环境造成了严重影响，人与自然之间矛盾突出。这种不可持续的发展模式现今依然具有巨大的思维、制度惯性。

我国地方各级环境保护机构成立于 20 世纪 80 年代初期，在近 40 年的发展历程中，我国生态环境保护制度日臻完善，生态环保事业取得了辉煌成就。多年来，生态环境管理侧重于阶段性、任务性规划的编制和实施，对国土空间生态、环境、资源等自然要素缺乏系统、深入的研究，相应的规划管理机制尚不健全，与空间型规划（特别是传统的土地利用规划、城乡规划等）缺乏深度衔接和系统融合，尚未实现对国土空间层面的系统性、科学性、制度性引导和约束，对布局性、结构性、源头性的环境问题和粗放型资源消耗、超资源环境生态承载能力的开发建设活动缺乏系统有力的防控制度，在国土空间管控层面上缺乏行之有效的生态环境保护与修复、污染物排放管控、风险防范、资源节约等手段。

党的十八大报告首次将生态文明上升到“五位一体”的高度，在资源环境生态约束趋紧的背景下，文化、社会、经济、政治的发展都离不开生态环境的基础性支撑作用。生态、环境、资源安全是保障人类社会永续发展的基本前提，“绿色发展”是“五大发展理念”中前提性和基础性的理念。

党的十九大以来，随着国土空间规划体系的重建，如何全面贯彻“生态优先、绿色发展”的理念，在国土空间规划层面突出生态、环境、资源等要素的优先重要性，解决传统经济社会发展模式伴生的突出生态环境问题是亟待解决的一项重大课题。笔者认为，实现新时代中国特色社会主义的总目标，必须以习近平生态文明思想为根本遵循，围绕人与自然和谐共生的发展目标，在国土空间规划编制前期阶段，系统识别生态、水、大气、土壤等环境要素高功能区域，准确评估环境质量状况、资源环境承载力、土地开发适宜度及其现状水平，判别生态环境功能及其分布区域，剖析生态环境领域突出问题。结合地方实际，自上而下、自下而上、上下结合，构建以生态功能和环境质量分区管控、资源利用上线为核心的管治制度，建立健全经济社会科学发展的绿色底线体系。

只有牢固树立资源环境生态红线的规矩意识，将生态、环境、资源三类要素作为国土空间规划优先考虑的因素，建立健全相关制度，才能从根源上系统破解传统发展方式和发展道路与生态环境保护的突出矛盾，建立绿色的生产生活方式，形成留有绿色缓冲空间和可持续的生态、环境、资源产品供给和保障体系，实现城镇空间、农业空间与生态空间的有机协调，从根本上解决生态破坏、环境污染、资源短缺、人口超载、交通拥挤等一系列“城市病”，最终实现城市绿色永续发展。

宜昌市于2012年被列入国家第一批城市环境总体规划编制试点城市，2015年，宜昌市人大常委会审议批准《宜昌市环境总体规划（2013—2030年）》（以下简称《环境总规》）。《环境总规》较早地探索了建立资源环境生态红线“三线”管控制度，并与土地利用总体规划、城乡规划等进行了有效地融合。经过五年多的实施，《环境总规》对维护宜昌市区域生态功能、优化产业结构和布局、改善环境质量、提升资源集约利用效率，全面促进经济社会绿色发展发挥了巨大作用。随着国家“三线一单”（即生态保护红线、环境质量底线、资源利用上线、环境准入负面清单）制度的建立，《环境总规》在内容体系和深度上已不能完全适应新形势的要求，同时，为解决实践中遇到的问题，《环境总规》也亟须深化和完善。编制环境控制性详细规划是衔接《环境总规》与“三线一单”制度的有力探索，是全面拓展和深化《环境总规》资源环境生态红线制度，深入落实科学发展观，创新环境管理方式，实现生态环境保护空间规划与国土空间规划深度融合的重要途径，规划成果通过对县级行政区进行整体规划，为乡镇（街道）及社区（村）中微观城镇层级国土空间生态环境保护管理提供系统的环境规划指引，全面提升了《环境总规》的科学化、精准化水平，是科学编制宜昌市国土空间规划的重要依据。

2019 年 4 月，《宜昌市中心城区环境控制性详细规划（2018—2030 年）》（以下简称《环境控规》）获宜昌市人民政府批复，成为国内首部环境控制性详细规划。《环境控规》成果主要包含 10 个方面内容：

一是围绕 1 个目标建立覆盖四大领域的绿色指标体系。规划按照建设人与自然和谐共生的高质量社会主义现代化城市的总目标，围绕生态安全格局安全稳固、自然资源集约高效利用、环境质量优良和环境公共服务设施健全四大领域建立包含 26 项指标的绿色指标体系。

二是确定 3 大环境功能，划分 3 大环境战略分区。规划将宜昌市中心城区环境功能定位为：长江中游水环境调节与水源涵养重要区、以长江湖北宜昌中华鲟自然保护区为核心的生物多样性维护区、国家生态文明建设先行示范区。结合自然生态系统、城镇规划区及农业生产区的空间分布，将中心城区划分为西部及南部自然生态功能保育区、东部工业产业聚集区和中部人居生活环境维护区 3 个环境战略分区。

三是建立覆盖全域的生态功能分区管控体系。《环境控规》将全域划分为生态保护红线区、生态功能控制区、生态功能黄线区和生态功能绿线区 4 个管控级别，并建立了法定制度与环境准入清单相结合的生态功能分区管控制度，生态保护红线区禁止开发、生态功能控制区强制性管控、生态功能黄线区限制开发、生态功能绿线区允许建设。生态功能控制区面积占宜昌市中心城区国土总面积的 44.85%，具有水源涵养、生物多样性保护、洪水调蓄三大功能，包含市级以上自然保护区等 9 种生态保护类型，由 73 个控制地块组成；湖北省人民政府发布的生态保护红线区构成生态功能控制区核心区域。生态功能黄线区面积占宜昌市中心城区国土总面积的 2.34%，包括 7 个控制地块，保护类型包括长江干流及主要支流河滨带、湖泊及水库湖滨带等；生态功能绿线区面积占宜昌市中心城区国土面积的 52.81%。

四是建立以水环境控制单元为基础的水环境质量分区管控体系。规划按照“以水定陆”的原则，将全域划分为水环境质量红线区、黄线区、绿线区三个管控级别，水环境质量红线区含 19 个水环境控制单元，面积占宜昌市中心城区国土面积的 9.43%；黄线区含 111 个水环境控制单元，面积占宜昌市中心城区国土面积的 75.48%，涵盖了“三线一单”技术方法划定的全部重点管控区和部分非重点管控区；绿线区含 33 个水环境控制单元，面积占宜昌市中心城区国土总面积的 15.09%。

五是建立以地块清单为基础的大气环境质量分区管控体系。将全域划分为大气环境质量红线区和黄线区 2 个级别，红线区面积占宜昌市中心城区国土面积的 62.18%，涵盖了“三线一单”技术方法识别的全部优先管控区以及受体重要区、源头极敏感区、聚集极脆弱区等部分重点管控区域；黄线区涵盖了其他所有区域。基于大气流场模拟与污染物模型预测分析结果，宜昌市中心城区由于位于河谷地带，空气扩散能力差，大气污染物聚集脆弱性强，空气质量达标难度大。因此，中心城区不设绿线区，对大气污染采取布局性管控和污染物排放倍量削减策略。

六是完成自然资源利用上线和环境承载力上线核定。按照“三线一单”技术方法，并结合地方实际，建立健全各行政区能源、水资源、土地资源利用上线，科学确定了规划指标的目标值。能源利用上线重点管控四项指标（能源利用总量、燃煤消费总量、单位地区生产总值能耗、燃煤消费量占能源消费总量的比重），水资源利用上线重点管控四项指标（用水总量、万元 GDP 用水量、万元工业增加值用水量、农田灌溉有效利用系数），土地资源利用上线重点管控建设用地总规模。结合各行政区水、环境、空气承载率现状值核定情况，制定了近、中、远期超标因子承载率控制目标，为各地污染物总量阶段性减排和环境质量达标提供了前瞻性指引。

七是建立较完备的环境风险源分类管控制度。以化工、医药、火电、冶金等重污染企业以及渣场、尾矿库、污水处理厂、垃圾填埋场、油库及油气供应企业、露天矿山、危险废物治理企业等为重点，共筛查重点环境风险源 58 个，结合风险源环境影响因素、潜在的影响对象和影响程度，制定了全过程、分行业的环境风险源管控对策。

八是建立乡镇（街道）层级的环境规划。规划基于环境功能定位、环境战略分区和突出环境问题分析，确定四大重点区域（生态安全屏障区、人居环境重点维护区、工业污染重点防控区、生态环境重点治理区），将重点区域的范围明确到乡镇（街道）、村庄（社区）。按照分类施策、功能提升的原则，确定各重点区域主导环境功能、生态环保重点领域和主要任务。

九是制定六项规划执行保障制度。从强化规划地位、促进多规合一、健全监管制度、严格责任追究、实行信息公开、实施评估考核 6 个方面制定了较完备的规划实施保障制度。

十是实现规范化制图。按照“三线一单”工作底图制作及数据规范开展图形绘制和命名，图形坐标系、比例尺、高程及数据格式等与土地利用总体规划图件相统一，为该规划参与“多规合一”打通技术瓶颈。

《环境控规》的成功编制及实施从五大方面创新了环境管理方式。

第一，从维护城市生态环境功能出发探索实现了对开发建设活动空间布局的源头精准管控。《环境控规》对开发建设活动及污染物排放空间布局的管控早于土地开发规划及建设项目环境影响评价，通过在规划阶段提前介入，避让、维护生态环境需要严格保护的区域，来实现维护区域生态功能和保护区域生态系统完整性、稳定性的目标。按照高环境功能区高标准保护的原则，对污染物排放口实行科学管控，实现规划及建设项目选址的源头科学管控，预防性化解了环境安全风险，大幅提升了环境管理效率，节约了环境管理资源。

第二，对污染物排放总量及空间分配科学决策具有重要的指导作用。《环境控规》通过实施水及大气环境质量底线管控，将改善环境质量的目标任务准确落到国土空间上，对高环境功能区域及环境质量超标区域采取倍量削减策略，实现环境质量超标区域、优先保护区污染物排放总量的严格控制，推进了环境质量的显著改善。通过在空间上合理利用水及大气环境容量，将生产、生活活动污染物排放量控制在区域环境容量以内。

第三，通过引导资源节约集约利用，实现资源环境承载力对经济结构的优化和约束。《环境控规》通过建立土地资源、能源、水资源上线指标体系和环境容量承载力上线，实现对产业绿色准入和转型的量化约束和精准指导，提高了资源节约集约的利用水平，严格控制了区域污染物排放总量和强度，促进了自然资源的可持续利用，有力推动了绿色生产、生活方式的形成。

第四，建立了较系统完备的生态环境空间地理信息和资源保护基础数据库与管制规则，为其他行业规划贯彻落实“生态优先、绿色发展”理念铺平道路。《环境控规》建立的以资源环境生态红线为核心的规划内容体系为国土空间规划实现生态文明建设目标具有重要的基础性作用，极大地丰富了国土空间规划绿色生态内容。《环境控规》成果可作为社会经济发展规划、国土空间规划、城乡控制性详细规划及行业规划编制的重要依据。

第五，系统整合各部门生态环保领域基础数据，为生态环境部门参与“多规合一”打通技术瓶颈。《环境控规》将发改委、经信、自然资源和规划、生态环境、林业和园林、水利和湖泊、农业农村、应急管理等部门在产业规划、生态环境保护、资源利用、风险防控等领域的基础数据、目标、管控要求进行了系统整合，充分协调经济社会发展与生态环境保护的关系，构建了系统、精细、清晰的城市绿色发展底线体系。同时，该规划图件成果与传统土地利用规划统一了坐标系、高程和精度，为生态环境部门全面参与国土空间规划和“多规合一”破解了数据对接的技术难题。

2014 年 2 月，习近平总书记在北京市规划展览馆考察时曾强调：“考察一个城市首先看规划，规划科学是最大的效益，规划失误是最大的浪费，规划折腾是最大的忌讳”。本书以人与自然的和谐共生为基本原则，以资源环境生态红线为主线，对国土空间规划如何贯彻落实“生态优先、绿色发展”的理念，提供了较为完备的规划编制思路、技术方法和实践案例。本书结合区域生态环境及自然资源禀赋研究确定宜昌市中心城区生态环境功能及环境战略分区，重点从规划目标和指标、生态功能和环境质量分区管控、资源利用、风险防控、重点区域城乡规划指引等方面探索提出控制性要求，并建立了较完备的规划实施保障机制。

在本书编写过程中，中国工程院院士王金南、宜昌市生态环境局局长吴辉庆、生态环境部环境规划院战略规划研究所副所长秦昌波对规划编制和相关成果研究给予了大量指导和帮助，陈安承担了规划理论方法研究和总结，完成本书整体编写与技术把关，余向勇承担了技术路线制定、部分章节内容研究及成果整理、审核，杨晓东、万军承担了“三线一单”技术方法运用研究与规划编制实践探索，周劲松承担了第七章水环境质量分区研究，张南南承担了第八章大气环境质量分区研究，肖旸承担了第六章生态功能分区研究及制图，熊善高参与了第五章至第七章管控制度相关内容的研究，并提出许多有价值的建议，在此一并致以衷心的感谢！

环境总体规划、环境控制性详细规划探索建立了一种新的环境规划体系。本书以宜昌市中心城区为例，研究了如何以规划为手段系统破解城市发展中布局性、结构性、源头性等生态环境问题，规划成果为生态环境保护工作全面深入参与国土空间规划、“多规合一”积累了理论及实践经验。希望本书对创新和丰富我国环境规划、国土空间规划的思路、方法和体系有所帮助。因时间关系，本书不足之处在所难免，敬请读者批评指正！

编　者

2019 年 12 月

目　　录

第一部分
环境控制性详细规划内涵特征、产生背景及探索历程

第一章　环境控制性详细规划的含义、特征、作用与产生背景

环境控制性详细规划作为衔接环境总体规划和开发建设活动布局的关键性编制层次，既有整体控制性要求，又有局部控制性要求；既能延续并深化环境总体规划意图，又能对国土空间保护和利用提出直接指导性准则。环境控制性详细规划依据主体功能区规划、生态功能区划、环境总体规划以及各类自然保护地规划细化了微观城市层面环境功能定位，并结合功能定位进行了环境战略分区。同时，环境控制性详细规划作为管理国土空间生态功能、环境质量、自然资源、环境风险的一种公共政策，大大提升了国土空间保护性区域、可开发利用区域及其适宜开发建设活动的精准辨识效率，构筑了生态环境空间分区管理和资源集约节约管理的制度基础，适应我国城市生态文明建设的需要，为生态、环境、自然资源可持续利用指明了方向。

第一节　环境控制性详细规划编制的目标

一是明确所涉及地区的环境功能定位、环境战略分区，与上位的环境总体规划的相应内容的衔接，使之能够进一步分解和落实，确定该地区生态功能、环境质量、自然资源、环境风险在国土空间管理上的具体政策。

二是依据上述环境功能定位、环境战略分区，综合考虑环境问题现状、已有规划、周边关系、未来挑战等因素，制定所涉及地区的生态安全、环境质量、自然资源利用、环境公共服务等方面的总体目标和指标，并在维护生态功能、改善环境质量、提升资源利用效率、防控环境风险等方面予以落实，为实现所涉及地区的规划目标提供保障。

三是为重点区域制定相应的环境规划目标、指标和重点任务，作为生态环境保护的顶层设计规划，直接引导和控制乡镇（街道）、村庄（社区）层级及以上城镇环境保护、生态修复和各类开发建设活动。

第二节　环境控制性详细规划的内容

环境控制性详细规划以规划区域生态功能和环境质量分区管控、资源利用水平和环境承载力控制、环境风险防控、重点区域环境规划重点任务等为主要内容，并针对不同生态环境要素分区，应用指标量化、条文规定、图则标定等方式对各控制要素进行定性、定量、定位和定界的控制和引导。依据《宜昌市环境总体规划（2013—2030 年）》《生态保护红线划定技术指南》以及《“三线一单”编制技术指南（试行）》等文件，《宜昌市环境控制性详细规划编制技术指南（修订）》确定的环境控制性详细规划编制包括下列内容：

一、确定规划目的、范围、时限、依据、原则、指导思想、规划目标和指标以及规划区域经济、社会与生态环境状况。

二、确定规划区域环境功能定位，划分环境战略分区。

三、以生态评价结果和各类自然保护地最新规划方案为基本依据，细化国土空间生态功能分区，确定地块生态功能类型、名录、界线和分区管控制度。

四、以水环境功能区划及饮用水水源保护区规划成果为基本依据，细化国土空间水环境质量分区，明确各水质控制单元水环境功能、饮用水水源地分布、名录、界线、分区管控制度及其与国家水质控制单元的隶属关系；通过分析各地区水环境承载强度，引导各地形成与水环境承载相协调的发展格局。

五、确定大气环境质量分区地块类型、大气环境功能、特定区域分布、名录、界线和分区管控制度，通过分析各地区大气环境承载强度，引导各地形成与大气环境承载相协调的发展格局。

六、核算各地区水资源、土地资源、能源利用上线，具体包括：确定各地区年用水总量上线，明确万元工业增加值用水量、农业灌溉用水有效利用系数等水资源开发利用管理要求，测算可开发利用水资源人口承载力上限；结合城镇、工业等土地利用现状和规划，对建设用地总规模提出管控要求，测算可开发利用土地资源人口承载力上限；确定能源利用总量、燃煤消费总量及其占能源总量比重、万元 GDP 能耗量、万元 GDP 燃煤消耗量的控制目标。

七、结合区域重大环境风险源清单和生态环境分区管控制度，制订环境风险源管控对策。

八、以环境功能定位、环境战略分区、环境分区管控制度为基础，结合环境要素及突出生态环境问题，确定城乡环境指引的重点区域，明确区域环境规划指引方向。

九、制订规划印发实施、评估考核、监督管理、信息公开等制度保障机制。

十、绘制规划成果图件，规范制图坐标系、数字高程、比例尺等技术指标。

环境控制性详细规划的管理是通过指标的制订来实现的，规划控制指标分为约束性指标和预期性指标，约束性指标为强制性指标，预期性指标为引导性指标。由于环境控制性详细规划的强制性内容是规划管理中要求强制执行的内容，因此，对区域土地开发、产业及城镇布局、污染物排放、资源利用水平、项目绿色准入具有较大的约束，同时，通过设置预期性指标对区域社会经济活动也具有较强的引导。

第三节 环境控制性详细规划的特征

控制性详细规划是伴随着中国城市规划理论及实践的变革而出现的。它代表了一种新的理念，表明了中国城市规划管理从终极形态目标走向动态控制的不断渐进的过程。环境控制性详细规划的提出，借鉴了城市控制性详细规划的理念、思路和层级结构，但是在规划内容体系上与城市控制性详细规划有本质的区别，它从城市生态文明建设的角度出发，另辟蹊径，建立了以“资源环境生态红线”为核心的绿色约束与引导并重的城市可持续发展的规划内容体系。

一、控制引导性和“弹性”

环境控制性详细规划的控制引导性主要表现在对国土空间开发建设活动具体的定性、定量、定位、定界方面的控制和引导，这既是控制性详细规划编制的核心问题，也是其不同于其他规划编制层次的首要特征。环境控制性详细规划通过技术指标来规定国土空间生态、水、大气等环境要素的功能和保护要求以及自然资源开发利用的总量和强度，规定了不同区域生态环境要素应该保护什么，管控什么，允许开发建设什么，不允许（或不适宜）开发建设什么，从而达到引导环境保护、开发建设活动的目的。

环境控制性详细规划除了确定必须遵循的控制指标和原则外，还留有较大的“弹性”，如通过与现有土地利用规划、城乡规划充分衔接，将城镇规划建设区、乡镇人口集中区、永久基本农田、耕地、工业园区、工矿用地等合法的开发建设区域全部纳入生态功能绿线区，按照一般管控区进行管理，从而为城市预留合理的发展空间；将水质目标为Ⅲ类及以下、现状水质达标、环境容量富余的水质单元纳入水环境质量绿线区，为新增水污染物排放预留空间；通过编制环境准入清单或负面清单，兼顾了生态功能控制区和黄线区内合理的发展需求；将能源利用总量、万元 GDP 用水量、建设用地总规模、饮用水水源地及环境空气监测覆盖范围等纳入预期性指标，引导资源节约集约利用等。

二、图则标定

图则标定是控制性详细规划在成果表达方式上区别于其他规划编制层次的重要特征，是控制性详细规划法律效应图解化的表现。环境控制性详细规划借鉴了城乡规划体系中图则标定的思路和方法，它用一系列点、线、面对控制区域及对象进行定位，如生态功能控制线及黄线边界和地块范围、水质控制单元分界线、大气环境质量分区控制地块边界、重要环境保护对象边界和点位、环境风险源边界或点位等。环境控制性详细规划图则在经法定的审批程序后上升为具有法律效力的地方法规，具有行政法规的效能。

三、绿色导向

传统的城市控制性详细规划以土地资源开发利用为基本导向，缺少对城市生态功能、环境质量系统性约束的分析研究，对城市发展的绿色价值目标重视不足。与城市控制性详细规划相比，环境控制性详细规划最大的不同在于它是直接面向生态、环境、资源约束的规划手段，其绿色发展导向作用显著。环境控制性详细规划的目的更侧重于强化城市的生态理性规划和可持续发展，使政府能够遵循城市生态功能控制线、环境质量底线、资源利用上线，引导城市的开发建设遵循“生态优先、绿色发展”理念，维护好城市生态安全，提升城市环境质量，保障自然资源的可持续供给，从根本上实现城市生态文明的建设目标。

四、法律保障

法律效应是控制性详细规划的基本特征。环境控制性详细规划是环境总体规划法律效应的延伸和体现，是总体规划宏观法律效应向微观法律效应的拓展。环境控制性详细规划编制工作，是城市环境保护和开发的前期工作，是开展环境保护和控制开发建设活动的依据。环境控制性详细规划的文本、图册互相匹配、紧密关联，从生态功能、水及大气环境质量分区管控，资源利用总量与强度、环境风险防控、生态修复等方面共同制约和指引着开发建设活动。因此，环境控制性详细规划成为生态环境保护和国土资源管理的重要依据和手段之一，其成果具有鲜明的法律约束功效。国内目前尚缺乏针对环境总体规划、环境控制性详细规划的法律法规依据，宜昌市目前通过人大审议、市人民政府批复等方式确立了环境总体规划及环境控制性详细规划的合法性。2015 年，宜昌市人大常委会表决通过《宜昌市环境总体规划（2013—2030 年）》（以下简称《环境总规》）议案，决议要求，要切实维护《环境总规》的权威性和严肃性。《环境总规》依法批准后，市人民政府应当及时予以公布，接受社会公众和新闻媒体监督，并适时向市人大常委会报告规划的实施情况。任何单位或个人无权随意修改《环境总规》，执行中确需局部调整时，应当严格按照法定程序履行报批和备案手续。

2015 年 5 月，宜昌市人大常委会表决通过《宜昌市人民代表大会常务委员会关于加强城区生态红线保护的决定》，决定要求统筹协调《宜昌市城市总体规划（2011—2030年）》与《环境总规》，将生态红线控制线落实到控制性详细规划中，将生态红线保护的各项措施落到实处。2017 年，宜昌市人民政府印发了《市人民政府办公室关于开展环境控制性详细规划编制及生态保护红线勘界工作的通知》。2018 年 12 月，宜昌市人大常委会出台了《宜昌市人大常委会关于审议环境总体规划调整的工作规则》，完善了《环境总规》，调整了工作程序。2019 年 4 月，《宜昌市中心城区环境控制性详细规划（2018—2030 年）》（以下简称《环境控规》）获宜昌市人民政府批复。以上文件都为宜昌市环境控制性详细规划在规划管理中的法律效应提供了依据。

第四节　环境控制性详细规划的作用

一、承上启下，强调规划的延续性

环境控制性详细规划的核心价值在于“承上启下”，主要体现在规划设计与规划管理两个方面。在规划设计方面，环境控制性详细规划延续了国家及湖北省主体功能区规划、生态功能区划、湖北省“三线一单”、《环境总规》，作为衔接县区、乡镇层级国土空间规划和生态环境保护规划的中间环节，以量化指标将环境总体规划的原则、意图、宏观的控制转化为对乡镇层级资源环境生态要素的定量、微观控制，从而具有宏观与微观、整体与局部的双重属性，确保了规划体系的完善和连续。在规划管理方面，环境控制性详细规划将环境总体规划宏观的管理要求转化为具体的空间、数量管理指标，使规划编制与规划管理、城市生态保护、环境质量维护、自然资源利用、风险防控等相互衔接。

二、与管理结合，作为城市生态文明建设的重要依据

环境规划管理工作的关键在于按照环境总体规划的宏观意图，对国土空间每块土地的生态功能、环境质量目标和环境承载能力进行有效的控制，引导资源可持续利用、产业科学布局、污染物排放满足环境承载力要求。环境控制性详细规划填补了传统生态环境保护规划的缺陷，对国土空间的生态、环境、资源属性进行了系统阐述，运用现代环境科学原理和技术方法从国土空间领域对生态环境要素进行提炼和图解化，将规划控制要点用简练、明确的方式表达出来，最大限度地实现了规划的可操作性，作为指引城市生态文明建设的重要基础性规划，全面促进了人与自然的和谐共生。

环境控制性详细规划的编制全面贯彻了“创新、协调、绿色、开发、共享”五大理念，增强了规划的“弹性”和可操作性，是环境规划与管理、规划与实施衔接的重要环节，是环境管理的必要手段和重要依据，是生态环境部门行政许可的重要前提条件，并直接为规划管理和建设项目行政审批服务。环境控制性详细规划建立的以资源环境生态红线为核心的生态环境空间规划体系，是我国环境规划及环境管理制度的重要补充，较好地适应了新时代中国特色社会主义建设背景下环境规划管理的需要，为政府科学控制和引导国土空间开发与保护提供了最直接的工具，可作为社会经济发展规划、国土空间规划、环境保护规划以及行业专项规划编制的重要依据，为推进国土空间的科学、规范管理起到了积极作用。

三、贯彻“生态优先、绿色发展”理念

传统的城市控制性详细规划只是对城镇空间内某一具体地块的开发建设展开规划，没有从行政区全域考虑，对区域生态保护的系统性和环境质量的整体性缺乏深入研究，城市生态环境保护存在片面性，缺乏防范不可持续的开发建设行为的思想和有效措施。环境控制性详细规划以环境总体规划为依据，对县级行政区实施整体性规划，按照“生态优先、绿色发展”的核心理念，建立健全资源环境生态红线“三线”管控体系，确保

城市生态系统保护的完整性和环境质量维护的指向性，是在国土空间上系统推进生态文明建设的实现。

四、环境政策的载体

环境政策是指在一定时期内为实现环境保护的某种目标而采取的特别措施。相对于环境规划原则来说，环境政策的针对性更强。环境控制性详细规划作为管理城市生态资源、环境资源、自然资源的一种公共政策，在编制和实施过程中包含着诸如生态安全、环境质量、资源供给、产业结构、土地开发布局、人口规模等方面广泛的政策性内容，通过传达城市公共政策方面的信息，在引导城市绿色发展方面具有综合能力。城市开发过程中各级部门、各类经济组织和个人可以通过环境控制性详细规划提供的环境政策消除在开发项目决策时面临的生态环境安全风险和不可持续性等因素，在资源环境生态底线约束的基础上开展市场资源的有效配置和合理利用。

第五节　环境控制性详细规划产生的背景

一、生态文明建设的要求

（一）生态环境保护制度改革提出新问题

传统的生态环境保护工作过度依赖末端治理，但是末端治理缺乏对污染发生的过程控制，更不具备对污染发生的预防功能，同时对自然资源粗放式利用和浪费束手无策。以末端治理为主的环境治理道路不可能从根本上减轻和避免污染的发生，不符合环境污染防治系统性原则。末端治理的局限性要求生态环境保护工作重点向事先预防和过程控制转移，虽然现行生态环境保护制度采取了环评审批、排污许可、排污权交易等制度加强了建设项目事先管理，通过深入推进清洁生产、工业园区循环化改造等方式，使得污染排放强度得到了有力控制，但是仍然缺乏从国土空间层面实施生态保护、污染排放、产业优化、环境风险防控、资源节约集约利用等源头精准管控的有力手段。

长期以来，我国的生态环境保护工作在政府事务中处于被动从属地位，在土地利用规划、城乡规划等国土空间规划阶段事前参与不足，导致区域性产业布局不合理、超环境承载力发展等问题十分突出，如在生态环境极脆弱区和敏感区开发建设，盲目无序扩张城镇边界导致生态空间被逐步蚕食，人口密集区上风向“顶风发展”废气高排放产业，高环境风险产业大规模临江临河布局，矿产资源开发与生态保护之间的冲突等。生态环境保护与经济发展没有实现政策上的充分协调和统一，甚至在有的区域矛盾突出。

破解传统末端治理、产业结构性及布局性等问题，必须从源头强化生态环境管理政策的前瞻性和导向性，深入推进生态环境管理制度改革，创新环境规划与管理方法，结合生态环境要素（生态、水、大气、土壤等）的环境功能和管理要求对开发建设活动、污染排放方式、资源利用水平、环境承载力状况、环境风险等实施空间性精准管控。

（二）“三大红线”提出新要求

党的十八大以来，生态文明上升到“五位一体”的高度，对生态环境保护的体制机制提出了新要求。2017 年 5 月，中共中央政治局就推动形成绿色发展方式和生活方式进行了第 41 次集体学习，习近平总书记在这次学习时强调“推动形成绿色发展方式和生活方式是贯彻新发展理念的必然要求，必须把生态文明建设摆在全局工作的突出地位，坚持节约资源和保护环境的基本国策，坚持‘节约优先、保护优先、自然恢复’为主的方针，形成节约资源和保护环境的空间格局、产业结构、生产方式、生活方式，努力实现经济社会发展和生态环境保护协同共进，为人民群众创造良好生产生活环境”。习近平总书记提出“四大体系、三大红线、六大任务”，构建“四大体系”要求建立科学适度有序的国土空间布局体系、绿色循环低碳发展的产业体系、约束和激励并举的生态文明制度体系、政府企业公众共治的绿色行动体系。建立“三大红线”要求加快构建生态功能保障基线、环境质量安全底线、自然资源利用上线，全方位、全地域、全过程开展生态环境保护建设。

2015 年颁布实施的《环境总规》，成为国内首个市级人大常委会审议批准的生态环境保护空间规划，该规划建立了以生态功能保障基线、环境质量安全底线、自然资源利用上线为核心的生态环境空间管控制度。《环境总规》对“三大红线”的确立，改变了以往环境保护在政府工作中的从属被动局面，要求生态环境保护工作对城市发展、经济建设发挥导向性、约束性指引，以满足国土空间绿色规划、城市可持续性发展的管理及技术要求，这直接促进了环境控制性详细规划的探索与形成。

环境控制性详细规划是对《环境总规》的全面深化和细化，通过对生态环境要素空间分区边界和相关指标提出控制性要求，探索建立具体翔实的生态优先、绿色发展规划制度，指导城市绿色发展，从而深入推进城市生态文明建设。

（三）解决传统土地利用规划及城乡规划的生态环境困境的需要

不同的行业、组织和社会群体对国土空间保护与开发建设的要求各有不同，传统的土地利用规划和城乡规划过于重视土地资源的经济效益，对支撑经济社会发展的自然生态系统的基础性、外部约束性缺乏深入研究。盲目、无序的土地开发和产业发展以及污染物排放导致许多地区的发展超出当地资源环境生态承载能力。同时，不同行业视角下的国土空间规划缺乏深入融合，造成规划之间相互冲突、国土空间开发与生态环境保护之间矛盾突出。此外，城市内部零星建设、无序建设和盲目建设等自行分散建设方式严重影响了城市的合理布局和城市面貌的完整性，致使市政及环保基础设施建设不健全、生态功能退化、环境质量恶化，带来一系列“城市病”。

规划之间的冲突源自不同规划制订的原则、目标、实现途径缺乏经济社会发展和生态环境保护的整体目标的一致性和协调性考虑，传统土地利用规划及城乡规划的生态环境困境根源于其不具备“人与自然和谐共生”的理念，忽视国土空间生态、环境、资源等自然属性的基础性、外部约束性作用，规划编制缺乏绿色约束和引导。

解决传统国土空间规划在生态环境保护领域的冲突，实现国土空间生态功能的有效维护、环境质量的持续改善和资源的集约高效利用，实现经济社会健康、绿色发展，必须加强多规融合，建立一种基于绿色发展理念、原则、目标、指标的国土空间自然生态要素管护制度体系，制度的设计需要兼顾绿色引导的刚性与弹性，适应不同社会群体多元化的需求。

《环境总规》按照宜昌市环境功能定位、环境战略分区，确立了城市中远期生态环境建设的目标指标，基本建立了生态功能控制线、环境质量红线、资源利用上线的“三线”管控制度体系，较好地体现了科学性、合理性、可行性和前瞻性，对指导城市生态环境保护和经济社会发展发挥了重要作用。

为了能够适应城市生态文明建设的需要，体现上一层次规划的意图和目标，可将规划指标体系分为控制性（约束性）和引导型指标两大类。《环境控规》采用 26 项指标构成的综合指标体系，对规划区域生态安全格局、自然资源利用水平、环境质量、环境公共服务水平进行控制和引导。

环境控制性详细规划的层次、深度适宜，可与传统的土地利用总体规划、城市总体规划相统一，并与县级行政区国土空间规划层次相适应，同时采取规划语言表述规划的原则和目标，制订详细的生态、环境、资源三要素控制指标，形成较为完备的生态环境空间规划体系，成为城市绿色发展的有效引导。环境控制性详细规划有助于城市生态文明建设向纵深推进，使环境总体规划“三线”管控战略落到实处，为城市的可持续发展提供生态安全、环境质量和自然资源保障。

二、国土空间规划与生态环保工作深入融合的要求

（一）实现国土空间规划绿色、可持续发展目标的需要

国土空间规划是全要素、全空间、全过程的规划。涉及社会公共利益的规划要素既包含保障社会经济发展所需的基本生产和生活空间，也包含生态环境、自然资源、历史文化遗迹等。对涉及社会公共利益和城市长远健康发展的规划要素，需要坚持理性思维，秉持维护社会公平正义和全社会普惠性利益的规划理念，高度重视社会公共资源的保护和永续利用。

城市的可持续发展需要政府部门在规划编制中贯彻落实“生态优先、保护优先、节约优先、绿色发展”的理念，这就要求国土空间规划首先要抓好生态、环境、资源三大底线要素，在底线要素的约束和理性引导下，规划土地、水、能源、矿产、生态环境、历史文化等资源的社会供给，从而保障经济社会的可持续发展。

国土空间规划底线要素所涉及的领域包括：生态环境、自然资源、生产和生活空间、历史文化遗迹、自然灾害等，所有的底线要素均需在国土空间规划前期阶段系统研究，结合其稀缺程度和重要程度理清要素优先次序，权衡轻重、分清主次、统筹协调，妥善化解底线要素在空间上的矛盾和冲突。统筹各类底线要素是国土空间规划顶层设计的关键，抓好“生态功能、环境质量、资源利用”三大底线规划是国土空间规划的重要基础，是引导城市绿色、可持续发展的重要保障。

《环境总规》《环境控规》构建了一种引导城市绿色发展的公共政策，围绕城市绿色发展四大目标（维护城市生态安全、环境质量、促进资源节约集约利用和提升环境公共服务水平），确立生态功能控制线（含生态保护红线）、环境质量底线、资源利用上线（含环境承载力上线）三大底线，破解了传统城乡规划过于注重土地资源分配、忽视城市生态文明的不足，对维护全社会生态文明领域的公共利益具有重大意义，是国土空间规划落实生态文明建设要求的重要抓手。

（二）控制性详细规划变革的要求

传统的控制性详细规划通过控制土地使用的方式来实施规划，土地利用是规划的核心内容。尽管现阶段我国规划法律和政策都要求市镇总体规划和控制性规划要兼顾城市建设与自然和文化遗产的保护，协调经济、社会、环境生态等要素促进城乡可持续发

展。然而，在增长主义制度环境中，现实中的城乡总体规划和控制性详细规划基本都是空间增长规划。

生态资源环境消耗难以支撑经济社会的可持续发展是当前我国发展中面临的突出问题。与以往土地利用规划、城乡规划相对单一或片面的发展目标不同，兼顾保护与发展，兼顾各类空间要素的统筹协同是国土空间规划的重要任务。国土空间规划同时也是“多要素紧约束型”规划，划定并严守生态、环境、资源“三条底线”是国土空间规划的前提基础，为指引经济社会可持续发展的重要保障。坚持生态优先、绿色发展是生态文明新时代编制国土空间规划应遵循的重要原则。按照自然资源部初步拟定的“五级三类四体系”的国家空间规划体系框架，控制性详细规划是被保留的一种规划类型。

国土空间规划体系作为新的规划制度至少在以下三个方面呈现制度性转变。第一，从“发展”为核心的城乡规划体系转向“保护与发展并重或将保护置于发展的优先地位”的空间规划体系；第二，出于协调保护与发展的要求，规划的范围从城市规划区扩展到行政辖区，将管辖区域内的生态环境、自然资源、文化遗产、自然灾害等要素纳入规划范畴；第三，促进“跨部门”规划协调。

随着控制性详细规划的上位规划及相关规划的目标、内容及其范围都发生了变化，控制性详细规划的规划内容及形式需做相应调整。第一，与国土空间规划范围相适应，规划编制范围应扩大到行政管辖的范围；第二，与国土空间规划目标、要求相协调，由碎片化独立片区编制模式转变为管辖区域的整体编制；第三，从“地块控制”的控制性详细规划向“分区管制”的综合区划转型，以适应空间规划的多重目标及要求；第四，完善规划的法律保障。

（三）控制性详细规划内容体系的重要组成

环境控制性详细规划作为生态环境保护领域的空间规划为实现国土空间规划中将保护置于发展的优先地位提供了较成熟的规划思路、方法、成果和实践经验。同时，规划的范围突破了传统城乡规划地块的限制，涵盖整个行政辖区，将国土空间中生态、环境、资源三类要素作为规划对象，进行了系统分析和分区规划，从保护的角度而不是从土地开发利用角度开展的规划。规划的编制体现了多规融合，规划成果依托信息系统由各级政府及其部门共同贯彻落实，从而推动“跨部门”的规划协调。环境控制性详细规划弥补了传统控制性详细规划三大要素的缺失，是控制性详细规划内容体系的重要组成。

《环境控规》以县级行政区为规划范围，对《环境总规》进行全面深化和细化，是实现城市生态文明建设目标的重要途径，体现了社会公共意愿，而非项目载体，充分协调了保护与发展的关系。《环境控规》的目标、形式符合控制性详细规划的发展变革方向。第一，规划编制范围为行政管辖的范围；第二，规划的编制模式是对行政管辖区域的整体编制；第三，围绕国土空间中生态、环境、资源等多重目标，开展了分要素分区规划管制，具有与国土空间其他要素开展交叉分析的基础；第四，通过市级人大常委会审议、政府批复等形式确定规划的合法性，但作为新的规划类型，其法律保障体系尚未建立，亟须加强立法研究，完善该规划的法律保障制度。

三、新时代对环境规划与管理工作的要求

（一）环境管理观念与方法的转变

为实现生态环境空间城镇发展、产业布局的科学管控，开展国土空间生态、环境、资源等要素系统规划和管理十分必要，这对引导城市走上绿色发展之路具有重大意义。

环境总体规划以主体功能区规划为基本依据，探索建立一种新的绿色公共政策，引导城市发展遵循自身的自然生态规律。如何在具体的区块、地块范围内精准识别其生态功能属性、环境质量目标、资源稀缺程度及其特定区域生态环境保护的重点任务，环境控制性详细规划提供了一个有效的手段。一方面，根据区域生态功能、环境质量、自然资源禀赋的不同，采用不同的控制要求，合理确定适宜的土地开发、污染物排放和资源利用方式，指导产业科学布局，不突破资源环境生态底线；另一方面，在行政调节之外，要依靠经济、法律、技术并用的调节手段实现环境规划的意图。与传统的控制性详细规划服务于土地开发和经济建设不同，环境控制性详细规划承载着城市生态、环境、资源保护的生态理性，维护了保护与发展之间的平衡，是城市环境管理观念和方法的重大突破。

（二）新的历史阶段环境规划管理工作的要求

新时代背景下的环境规划管理工作，不仅规划管理内容比过去更加丰富，而且规划目标和措施要求更加精准，规划编制和执行更加艰巨复杂，对规划决策的科学性和管理效率也提出了更高要求，这就需要在微观层面上提供一种规划方法，使其可以在上一层次规划的指导下，编制出简练、明确、具体、具有较强的实施性和可操作性的规划成果，并便于将其转化为规划管理实施条款，控制性详细规划的出现正满足了这些要求。

环境控制性详细规划以主体功能区规划、环境总体规划等为基础，明确了不同区域生态环境空间管护的目标，按照自然环境要素将相关要求分解到具体的地块上，其管控制度及量化指标涵盖了生态功能、环境质量、自然资源等保护与利用的底线要求，同时便于为每一块用地提供管理准则，有利于为具体的开发建设活动提供准确指引，较好地满足了新时代环境规划管理的要求。

（三）要求规划具有一定弹性

在引入环境控制性详细规划之前，环境总体规划更倾向于战略性、宏观性、原则化。环境控制性详细规划在对生态功能、环境质量空间分区的基础上，对不同地块提出了详细的保护控制指标和要求，这种规划体系简单明了，易于操作管理，维护了规划的原则性和严肃性。同时，环境控制性详细规划具有一定的灵活性和弹性，在生态功能分区管控方面建立了松紧结合的分区管理制度，对生态功能控制区构建了法定制度与正面清单相结合的环境准入制度，在大气和水环境质量分区管控方面建立了差别化管理制度，这种制度设计为经济社会发展留有适宜的开发建设空间和纳污区域，满足了当前我国经济社会高速发展中的不确定性所要求规划应具备一定弹性的需要。

（四）要求微观（详细规划）层次符合总体规划的意图

在生态环境空间规划体系中，环境控制性详细规划地位极其重要。纵向上，其上位规划包括主体功能区规划、“三线一单”、环境总体规划，下位向县市区、乡镇（街道）等微观城市层面延伸，指引县市区、城镇、乡村发展规划的科学编制和各类开发建设活动的科学选址。横向上，环境控制性详细规划与现阶段区域土地利用总体规划、城乡规划和控制性详细规划等进行了深入衔接，实现多规融合，丰富了我国当前正在推进的国土空间规划的体系内容。

环境总体规划是一定时期城市生态环境保护的整体战略框架，研究的是生态功能保障基线、环境质量安全底线、自然资源利用上线等战略层面的问题，虽然建立了分环境要素的分区分级管控制度体系，规划的深度和完备程度尚不能完全满足生态环境空间精细化管理的要求。从环境总体规划到环境控制性详细规划，是一个从宏观到微观、从战略层面到操作层面的过程。环境控制性详细规划是对环境总体规划全面系统的深化和细化，旨在实现国土空间生态功能和环境质量分区、资源集约利用、环境风险防控、重点区域环境规划微观指引等方面的精细化目标管理。

综上所述，在总结环境总体规划实践经验和吸取国土空间规划体系有益经验的基础上，在环境总体规划的下层，有必要构建一个新的规划编制层次，做到既能深化、完善环境总体规划宏观意图，又能进行全面、微观的具体控制；既能满足规划编制要求，又能适应规划管理工作的需要；既能遵循资源环境生态红线的制度刚性，又能兼顾地方发展的合理需求；既有经济效益、社会效益和环境效益的统一，又能对土地开发、污染物排放、资源利用进行调控，引导城市绿色发展，环境控制性详细规划就承担了这样的角色。

第二章　宜昌市环境总体规划概述及问题提出

第一节　环境总体规划与环境控制性详细规划的探索历程

党的十八届三中全会把划定生态保护红线作为改革生态环境保护管理体制最重要的任务之一，是生态文明建设的重大制度创新。2014 年新修订的《中华人民共和国环境保护法》（以下简称“新《环保法》”）规定：国家在重点生态功能区、生态环境敏感区和脆弱区等区域划定生态保护红线，实行严格保护。新《环保法》为生态保护红线的划定提供了法律依据。着眼于准确把握经济社会发展与资源环境承载力的平衡，将生态环境保护目标与任务举措落实到国土空间，构建以空间规划为基础、以国土空间生态功能、环境质量、资源利用效率管制为主要手段的生态环境空间保护制度是生态文明体制改革的重要目标。

按照《国家环境保护“十二五”规划》中探索编制城市环境保护总体规划的要求，生态环境部于 2012 年启动了城市环境总体规划编制试点工作，先后分三批启动了 28 个城市环境总体规划的编制试点工作。经过近年来的探索与实践，技术方法和规划框架体系逐步形成，形成了以地级城市为规划单元，生态环境保护空间管控、底线管控的技术方法和管理思路，为环境规划参与“多规合一”积累了宝贵的经验。在规划内容上，城市环境总体规划理清了不同类型生态功能区域的分布、边界和管控要求，开展资源环境承载力测算，系统提出城市经济社会发展的自然生态环境约束性要求；在技术思路上，城市环境总体规划探索了全要素、全域化、系统性的生态环境空间保护思路，实施生态环境的系统性保护；在技术创新上，突破了大气、水的网格化分析与管控技术，探索了环境保护的精细化管理途径；在数据平台上，整合建立基于大比例尺的环境空间信息数据库；在规划实施上，宜昌等城市开发了环境总体规划信息管理平台，并面向多部门开通，实现基于地块单元的生态环境空间精细化管理，服务于土地开发规划和建设项目选址分析、行政审批，构建了环境保护参与“多规合一”的对接平台。

城市环境总体规划是落实党中央、国务院关于生态文明建设，促进新型城镇化发展，提高城市规划管理水平的具体举措。环境总体规划通过探索实践，形成了生态功能分区管控、水及大气环境质量分区管控、资源环境承载力调控、环境风险源防控、重点区域规划指引等关键技术。以此为基础，《“生态保护红线、环境质量底线、资源利用上线和环境准入负面清单”编制技术指南（试行）》于2017年12月正式印发，长江经济带城市于2018年启动“三线一单”的编制。城市环境总体规划及“三线一单”成果为生态环境部门系统参与国土空间规划和“多规合一”奠定了重要基础。

国家《“十三五”生态环境保护规划》提出，绿色发展是从源头破解我国资源环境约束瓶颈、提高发展质量的关键。要创新调控方式，强化源头管理，以生态空间管控引导构建绿色发展格局，以生态环境保护推进供给侧结构性改革，以绿色科技创新引领生态环境治理，促进重点区域绿色、协调发展，加快形成节约资源和保护环境的空间布局、产业结构和生产生活方式，从源头保护生态环境。生态环境空间管控方面，一是要全面落实主体功能区规划。强化主体功能区在国土空间开发保护中的基础作用，推动形成主体功能区布局；二是要划定并严守生态保护红线。2017年年底前，京津冀区域、长江经济带沿线各省（市）划定生态保护红线；2018年年底前，其他省（区、市）划定生态保护红线；2020年年底前，全面完成全国生态保护红线划定、勘界定标，基本建立生态保护红线制度。制订生态保护红线管控措施，建立健全生态保护补偿机制，定期发布生态保护红线保护状况信息。建立监控体系与评价考核制度，对各省（区、市）生态保护红线保护成效进行评价考核；三是推动“多规合一”。以主体功能区规划为基础，规范完善生态环境空间管控、生态环境承载力调控、环境质量底线控制、战略环评与规划环评刚性约束等环境引导和管控要求，制定落实生态保护红线、环境质量底线、资源利用上线和环境准入负面清单的技术规范，强化“多规合一”的生态环境支持。以市县级行政区为单元，建立由空间规划、用途管制、差异化绩效考核等构成的空间治理体系。积极推动建立国家空间规划体系，统筹各类空间规划，推进“多规合一”。研究制订生态环境保护促进“多规合一”的指导意见。自2018年起，启动省域、区域、城市群生态环境保护空间规划研究。

2018年5月，习近平总书记在全国生态环保大会上指出：“生态环境问题归根结底是发展方式和生活方式问题，要从根本上解决生态环境问题，必须贯彻创新、协调、绿色、开放、共享的发展理念，加快形成节约资源和保护环境的空间格局、产业结构、生产方式、生活方式，把经济活动、人的行为限制在自然资源和生态环境能够承受的限度内，给自然生态留下休养生息的时间和空间。要加快划定并严守生态保护红线、环境质量底线、资源利用上线三条红线。对突破三条红线、仍然沿用粗放增长模式、吃祖宗饭砸子孙碗的事，绝对不能再干，绝对不允许再干。在生态保护红线方面，要建立严格的管控体系，实现一条红线管控重要生态空间，确保生态功能不降低、面积不减少、性质不改变。在环境质量底线方面，将生态环境质量只能更好、不能变坏作为底线，并在此基础上不断改善，对生态破坏严重、环境质量恶化的区域必须严肃问责。在资源利用上线方面，不仅要考虑人类和当代的需要，也要考虑大自然和后人的需要，把握好自然资源开发利用的度，不要突破自然资源承载能力。”

宜昌市2013年启动环境总体规划编制，2015年，宜昌市人大常委会审议批准《宜昌市环境总体规划（2013—2030年）》。《环境总规》确定了宜昌市促进自然资源可持续利用、人与自然和谐发展的规划方向，遵循生态优先、科学发展的基本原则，从自然资源和生态环境实际出发，以保障辖区环境安全，维护生态系统健康为根本，确定了宜昌市环境功能，制定了规划目标及指标体系，划分了环境战略分区，在国内较早建立了以资源环境生态红线为核心的生态环境保护空间规划体系。宜昌市资源环境生态红线包括生态功能控制线、环境质量红线、资源利用上线，对全市未来产业布局、城市建设进行顶层设计，维护三峡库区及长江中下游生态环境安全。《环境总规》是宜昌市生态文明建设的重要成果，也是宜昌市智慧环保的重要组成部分，有力地推进了生态环保领域参与“多规合一”。2015年5月，宜昌市人大常委会审议并通过了《宜昌市人民代表大会常务委员会关于加强城区生态红线保护的决定》，要求牢固树立生态红线保护意识，充分发挥生态红线的保护作用，大力加强生态保护红线的生态建设，将生态红线控制线落实到控制性详细规划中，将生态红线保护的各项措施落到实处。

2016年，《环境总规》信息管理与应用系统在国内率先开发成功，并面向市县两级政府部门开通。四年来，通过该技术平台对全市3 300余处土地开发规划和项目建设选址、选线开展了“三线”（重点是生态功能控制线、水环境质量红线、大气环境质量红线）相符性分析论证，有力保障了《环境总规》的执行，有效维护了全市重点生态功能区的环境功能。《环境总规》的实施为全面推进宜昌市生态文明建设、保障城市生态安全、维护生态系统的良性循环、促进社会经济与生态环境和谐发展发挥重要作用，2017年，宜昌市绿色发展指数在全省位居第一位。

2016年11月，中央深化改革领导小组第二十九次会议审议通过《关于划定并严守生态保护红线的若干意见》，会议强调，划定并严守生态保护红线，并将生态保护红线作为编制空间规划的基础，确保生态功能不弱化、面积不减少、性质不改变。为全面贯彻习近平生态文明思想以及国家、湖北省关于生态保护红线的相关精神，深入落实《环境总规》，推动和指导全市生态文明建设，促进城市绿色转型和高质量发展，宜昌市于2017年1月启动县市区环境控制性详细规划编制工作，并探索编印了《宜昌市环境控制性详细规划编制技术指南》，要求市环境保护委员会办公室组织编制宜昌市中心城区（西陵区、伍家岗区、点军区、猇亭区及宜昌高新区）环境控制性详细规划，各县市（含夷陵区）人民政府组织开展本行政区域环境控制性详细规划编制。各地的环境控制性详细规划经市环委会办公室组织专家评审通过后，报市人民政府批准颁布，由各县市区人民政府、宜昌高新区管委会组织实施，并报市、县两级人大常委会备案。

2017年5月，环境保护部办公厅、国家发展改革委办公厅联合发布《生态保护红线划定指南》（环办生态〔2017〕48号）。同年12月，环境保护部印发《“生态保护红线、环境质量底线、资源利用上线和环境准入负面清单”编制技术指南（试行）》，宜昌市对相关文件进行了系统深入的研究和对接，于2018年3月印发《宜昌市环境控制性详细规划编制技术指南（修订）》。该技术指南建立了较完备的规划编制结构体系，明确了规划编制技术要点、深度及成果要件等内容。

生态环境部环境规划院、宜昌市环境保护研究所组成规划编制技术组，共同承担了《宜昌市中心城区环境控制性详细规划（2018—2030年）》的编制。2018年1月，规划编制技术组召开规划编制工作启动会，分别赴西陵区、伍家岗区、点军区、猇亭区及宜昌高新区开展现场调研，重点对乡镇（街道）存在的突出生态环境问题展开全面摸排，广泛听取各部门及乡镇（街道）人民政府的意见及建议，结合调研情况编制了调研报告。同年3月，技术组对境内采石场、垃圾填埋场、油库及水上加油站、乡村规划人口集中区、农村分散式饮用水水源地、自然保护区以及重点村庄展开全面调研，并对重大风险源进行了现场定位测量，掌握了第一手资料。同年7月，规划编制技术组完成规划初稿，召开了技术研讨会，广泛征求了生态环境、自然资源和规划、林业和园林、水利和湖泊等行业专家的意见。2018年10月，宜昌市中心城区《环境控规》通过市环境保护委员会办公室组织的专家评审，完成市直相关部门及各区人民政府、宜昌高新区管委会两轮意见征求工作和网上公示，并征求了方创琳、郭怀成两位国家级专家的意见。2019年1月，市环委会办公室组织召开中心城区《环境控规》成果汇报会，进一步听取地方政府意见；规划编制技术组对部门意见逐一研究，合理吸纳，规划成果通过市环委会办公室复核。2019年4月22日，宜昌市人民政府正式批复《宜昌市中心城区环境控制性详细规划（2018—2030年）》。

《环境控规》体系结构与《环境总规》总体一致，全面吸收了生态保护红线、“三线一单”编制等最新文件精神，构建了以生态功能分区管控、水环境及大气环境质量分区管控、资源利用上线为核心的环境空间管控、资源利用约束、环境风险防控、城乡重点区域环境规划指引的规划体系。

《环境控规》结合宜昌市中心城区自然生态环境特征及保护要求、经济结构、生产和生活空间布局、现状环境问题以及城市绿色可持续发展要求，将中心城区生态环境功能定位确定为：长江中游水环境调节与水源涵养重要区、以长江湖北宜昌中华鲟自然保护区为核心的生物多样性维护区、国家生态文明建设先行示范区；将中心城区划分为西部及南部自然生态功能（水源涵养、水环境调节、水土保持、生物多样性维护）保育区、东部工业产业聚集区和中部人居生活环境维护区三个环境战略分区。

在生态功能分区上，《环境控规》建立了生态保护红线、生态功能控制线、生态功能黄线、生态功能绿线四个管控级别，生态保护红线区主要为省级及以上生态功能重要区域，构成生态功能控制区的核心部分，原则上按照禁止开发区域进行管理。《环境控规》对生态保护红线区以外的国土空间（包括生态空间）进行了分区，将市级及以上重要生态功能区域纳入生态功能控制区，实行强制性管控；将县级生态功能重要区、河湖滨岸带等重要生态功能区域纳入生态功能黄线区，按照限制开发区域进行管理；将现有及规划的城镇建设区、永久性基本农田等农业生产区、合法的工业园区及建设用地纳入生态功能绿线区，按照适宜建设区进行管理。

在水环境及大气环境质量分区管控上，《环境控规》分要素划分了红线区、黄线区、绿线区三个管控级别。按照《“三线一单”编制技术指南（试行）》中环境质量底线划分方法，以县级行政区为规划范围划定了水环境及大气环境优先管控区、重点管控区及一般管控区。结合保护对象的类型及保护要求的差异，对重点管控区做了进一步细分，结合环境敏感性识别结果对需要重要管控的区域进行了提级管理，并对管控制度进行了改进和完善。以宜昌市水环境功能区划为基础，将乡镇及以上集中式饮用水水源地取水口上游汇流水质单元、水质目标在Ⅱ类及以上的地表水汇流水质单元纳入水环境质量红线区；将流经城镇水质目标为Ⅱ类的河流湖库汇流水质单元、以工业源为主的汇流水质单元以及水质目标为Ⅲ类及以下、现状水质超标的汇流水质单元全部纳入水环境质量黄线区。将环境空气功能一类区、受体重要区（城市人口密集区、城镇人口集中区等）、布局敏感区（上风向源头极敏感地区、聚集极脆弱地区等）全部纳入到大气环境质量红线区；将环境空气功能二类区中的工业集聚区等高排放区域，上风向、扩散通道、环流通道等影响空气质量的布局敏感区域，静风或风速较小的弱扩散区域，涉及对人口集中区有重要影响的区域全部纳入到大气环境质量黄线区。

《环境控规》确定了县级行政区能源、土地资源及水资源利用上线，结合地方资源能源管理工作实际增补了部分规划指标。其中，能源利用重点管控能源利用总量、燃煤消费总量、单位地区生产总值能耗、燃煤消费量占能源消费总量的比重四项指标；水资源利用重点管控用水总量、万元 GDP 用水量、万元工业增加值用水量、农田灌溉有效利用系数四项指标；土地资源开发利用重点管控用地总量、土地开发强度两项指标。

《环境控规》以化工、医药、火电、冶金等重污染企业、渣场及尾矿库、污水处理厂、垃圾填埋场、油库及油气供应企业、露天矿山、危险废物治理企业等为重点，开展中心城区环境风险源排查，建立重点环境风险源清单，分类制订针对性管控对策；结合环境战略分区，对生态安全屏障区、人居环境重点维护区、工业污染重点防控区、生态环境重点治理区（农业生产区、黑臭水体分布区域）四大类重点区域制订环境规划指引。

《环境控规》以《环境总规》为基本依据，与国家及湖北省主体功能区规划、全国生态功能区划、长江经济带生态环境保护规划、湖北省生态保护红线划定方案以及宜昌市社会经济发展规划、土地利用规划、城市总体规划、林业发展规划、能源发展规划、水资源分配方案、各类自然保护地规划及方案等进行了全面深入对接，对规划冲突、多方利益的博弈矛盾展开了深入细致的剖析，并逐一研究解决，规划编制过程也是“规划融合”与“多规合一”的过程。

传统的土地规划及城市规划以市场效益和经济价值为中心，重点围绕土地资源的开发利用展开，缺乏对自然生态系统功能维护的系统性研究，对城镇自然生态安全的外部约束性缺乏实证分析，没有秉持人与自然和谐共生的重要原则，缺乏“生态优先、绿色发展”和“山水林田湖草是生命共同体”理念，土地开发、产业化建设、城镇化的无序扩张往往违背自然规律，导致河流、湖泊、森林、草地、湿地等自然生态空间被随意侵占，资源消耗粗放浪费，污染物排放量超出环境承载能力，城郊接合区域生态空间被不断蚕食，导致一系列严重的“城市病”。传统的靠土地扩张为驱动力的城市建设、经济发展和资源开发方式日益同自然生态环境的保护相冲突，以破坏生态和牺牲环境为代价换取经济的短期快速增长，最终造成自然生态环境功能的快速退化和自然资源的低效使用。

对生态环境空间展开系统的分析研究，全面识别国土空间内重要的生态功能区域和环境敏感性、脆弱性区域，划定并严守资源环境生态红线，制订严格的保护制度是实现国土空间科学规划的重要前提，也是推动经济社会形成绿色发展方式和生活方式的基础。宜昌市环境总体规划和环境控制性详细规划的探索实践，构建了以资源环境生态红线为核心的国土空间生态环境保护的刚性约束机制，有力地弥补了土地利用规划、城乡规划等传统国土空间规划对资源环境生态保护的不足，为城市发展守住生态安全的底线，实现国土资源可持续利用和经济社会可持续发展提供了重要保障，为系统构建绿色、高质量的国土空间规划开启了十分有价值的探索，具有十分重要的理论和实践意义。

第二节　资源环境生态红线的提出及内涵

一、生态保护红线的提出及发展历程

生态保护红线的早期雏形又称为红线控制区、基本生态控制线、生态红线区。

2000 年，浙江省安吉县生态规划提出了红线控制区的概念。2005 年，广东省颁布实施《珠江三角洲环境保护规划纲要（2004—2020 年）》，规划将自然保护区的核心区、重点水源涵养区、海岸带、水土流失及敏感区、原生生态系统、生态公益林等区域划为红线区域，实施严格保护和禁止开发。同年，深圳市出台了《深圳市基本生态控制线管理规定》，提出了基本生态控制线（生态保护范围界线），即一级水源保护区、风景名胜区、自然保护区、集中成片的基本农田保护区、森林及郊野公园、生态廊道及陡坡地、高地、水体湿地等生态脆弱区。深圳市建立了一系列的生态控制线管理制度，明确规定，除重大道路交通设施、市政公用设施、旅游设施和公园外，禁止在基本生态控制线范围内进行建设。2007 年，昆明市在进行土地利用总体规划修编中，把生态系统敏感或具有最关键生态功能的区域，划定为生态红线区，实行严格保护。2009 年，《环渤海地区沿海重点产业发展战略环境影响评价报告》首次在环评领域划定生态红线区，面积占到区域总面积的 20%，严禁开展不符合生态环境功能定位的开发建设活动。

2011 年，《国务院关于加强环境保护重点工作的意见》和《国家环境保护“十二五”规划》均提出，编制环境功能区划，在重要（点）生态功能区、陆地和海洋生态环境敏感区、脆弱区等区域划定生态红线。“生态红线”一词首次出现在国家重要文件中，这标志着生态红线正式从区域战略上升为国家战略。2013 年，习近平同志在中共中央政治局第六次集体学习时强调，要划定并严守生态红线，牢固树立生态红线的理念。党的十八届三中全会通过的《中共中央关于全面深化改革若干重大问题的决定》明确提出，要加快生态文明制度建设，用制度保护生态环境。其中，划定生态保护红线是生态

文明建设的重大制度创新。

2014年1月，环境保护部发布《国家生态保护红线—生态功能基线划定技术指南（试行）》，这是我国首个生态保护红线划定的技术指导文件。该指南首次系统提出，国家生态保护红线体系是实现生态功能提升、环境质量改善、资源永续利用的根本保障，具体包括生态功能保障基线、环境质量安全底线和自然资源利用上线（以下简称生态功能红线、环境质量红线和资源利用红线）。根据该指南，生态保护红线是指对维护国家和区域生态安全及经济社会可持续发展，保障人民群众健康具有关键作用，在提升生态功能、改善环境质量、促进资源高效利用等方面必须严格保护的最小空间范围或最低数量限值；生态功能红线是指对维护自然生态系统服务，保障国家和区域生态安全具有关键作用，在重要生态功能区、生态敏感区、脆弱区等区域划定的最小生态保护空间。

2015年5月，环境保护部对以上指南修订后发布了《生态保护红线划定技术指南》（以下简称《技术指南》）。根据《技术指南》，生态保护红线是指依法在重点生态功能区、生态环境敏感区和脆弱区等区域划定的严格管控边界，是国家和区域生态安全的底线。生态保护红线所包围的区域为生态保护红线区，对于维护生态安全格局、保障生态系统功能、支撑经济社会可持续发展具有重要作用。生态保护红线的含义与修订前《技术指南》中生态功能红线含义相对应，不再包括环境质量安全底线和自然资源利用上线。

2017年2月，中共中央办公厅、国务院办公厅联合印发了《关于划定并严守生态保护红线的若干意见》（以下简称《若干意见》），该文件提出了生态空间的概念，并指出，划定并严守生态保护红线，是贯彻落实主体功能区制度、实施生态空间用途管制的重要举措，是提高生态产品供给能力和生态系统服务功能、构建国家生态安全格局的有效手段，是健全生态文明制度体系、推动绿色发展的有力保障。

《若干意见》明确了划定生态保护红线的指导思想、基本原则、总体目标、生态保护红线的划定及保护要求、保障措施等。在此基础上，2017年5月，环境保护部办公厅、国家发展和改革委员会办公厅联合发布了《生态保护红线划定指南》（以下简称《指南》），对上一版《技术指南》进行修订。《指南》中生态保护红线主要包括生态功能极重要区和生态环境极敏感区，划定范围涵盖国家级和省级禁止开发区域，以及其他有必要严格保护的各类保护地，原则上按禁止开发区域的要求进行管理。环境保护部副部长黄润秋同志在2017年第一期生态保护红线专题培训班上指出：生态保护红线不区分国家级和地方级，通过自上而下与自下而上相结合的方式，形成全国“一张图”；事关省域和区域生态安全的重要区域，可以采用其他保护形式予以保护。

中国的生态保护从最早以建立自然保护区为主，到建立重要生态功能区，到提出全国主体功能区规划，再到现在提出生态保护红线，划定生态保护红线是一个循序渐进的过程。红线制定总的原则是，首先要肯定生态保护的重要性，同时要考虑到生态环境资源对经济发展的支撑作用。

二、资源环境生态红线的提出及其内涵、特征

2016 年 5 月，国家发展改革委、财政部、国土资源部、环保部等九部委联合印发的《关于加强资源环境生态红线管控的指导意见的通知》指出：资源环境生态红线管控是指划定并严守资源消耗上限、环境质量底线、生态保护红线，强化资源环境生态红线指标约束，将各类经济社会活动限定在红线管控范围以内。该通知第一次完整地提出了“资源环境生态红线”的概念。

2017 年 12 月，环境保护部印发了《“生态保护红线、环境质量底线、资源利用上线和环境准入负面清单”编制技术指南（试行）》，在生态保护红线的基础上，进一步明确了环境质量底线、资源利用上线的制定方法以及环境准入负面清单的编制要求。该文件首次系统确定了资源环境生态红线的管控内容及划定方法。

资源环境生态红线是指在自然生态服务功能、环境质量安全、自然资源利用等方面，需要实行严格保护的空间边界与管理限值，以维护国家和区域生态安全及经济社会可持续发展，保障人民群众健康。

资源环境生态红线是实现生态功能提升、环境质量改善、资源永续利用的根本保障，具体包括生态功能保障基线、环境质量安全底线和自然资源利用上线。

根据生态功能的差异，生态功能保障基线又可分为生态服务保障红线、生态脆弱区保护红线、生物多样性保护红线等。按照环境要素的不同，环境质量底线可分为大气环境质量底线、水环境质量底线、土壤环境质量底线等。自然资源利用上线又分为土地资源、水资源、能源、矿产等自然资源利用上线。

资源环境生态红线具有以下基本特征：

一是系统性。资源环境生态红线的划定与监管是一项综合性很强的系统工程，需要在生态保护、环境管理、资源开发利用等多个领域统筹考虑，有序实施。

二是协调性。资源环境生态红线的划定与监管需立足自然资源、环境质量及生态系统禀赋，与国家和地方重大区划或规划相协调，与经济社会发展需求和当前环保制度与能力相适应，与人口、资源、环境相均衡，与经济、社会、生态环境效益相统一。

三是差异性。基于资源环境禀赋与经济社会发展水平的区域差异性，资源环境生态红线的划定与管理应因地制宜，在生态空间保护、环境质量控制与资源利用管理等方面制定和执行与区域特点相适宜的政策制度，提出分类、分区及分级管理要求。

四是强制性。资源环境生态红线一旦划定，必须实行严格管理，执行严格的管控措施和准入制度。

五是动态性。资源环境生态红线划定后并非一成不变，为不断地优化和完善国土生态安全格局，资源环境生态红线可进行适当调整，尤其要随着经济社会发展和生态文明建设的进程不断优化和增强，确保空间面积不减少、保护性质不改变、生态功能不退化。

六是可操作性。资源环境生态红线的划定应遵循自然规律与经济社会发展规律，充分考虑各有关因素，确保红线本身科学合理；配套的管理制度和政策应可操作。

第三节 宜昌市环境总体规划概论

2011 年，《国务院关于加强环境保护重点工作的意见》和《国家环境保护“十二五”规划》均提出，编制环境功能区划，在重要（点）生态功能区、陆地和海洋生态环境敏感区、脆弱区等区域划定生态红线。“生态红线”一词首次出现在国家重要文件中，这标志着生态红线正式从区域战略上升为国家战略。

根据国务院《关于印发国家环境保护“十二五”规划的通知》（国发〔2011〕42 号）提出的探索编制城市环境总体规划的有关要求，2012 年 9 月，环境保护部印发了《关于开展城市环境总体规划编制试点工作的通知》（环办函〔2012〕1088 号），并同步印发了《关于开展城市环境总体规划编制试点工作的意见》《城市环境总体规划编制技术要求（试行）》，宜昌市等 13 座城市被列为环境总体规划编制首批试点城市。同年 10 月，环境保护部在广州举办试点城市环境总体规划编制技术培训班，印发了《城市环境总体规划编制试点工作管理办法》《城市环境总体规划审核审查办法（试行）》《城市环境总体规划编制试点工作规程》。2014 年 1 月，环境保护部发布《国家生态保护红线—生态功能基线划定技术指南（试行）》。

《宜昌市环境总体规划（2013—2030 年）》主要依据《国家生态保护红线—生态功能基线划定技术指南（试行）》完成宜昌市全域生态功能分区，并以地表水、环境空气功能区划分类别方案为基本依据探索建立了水及大气环境质量分区技术路线，该规划的编制和应用实践为国家“三线一单”技术指南的探索形成积累了经验，形成了一套较成熟的规划编制技术。

一、规划核心内容

根据区域生态、水环境、大气环境等环境系统结构、过程与功能的敏感性、脆弱性和重要性差异，建立资源环境生态红线体系，对全域实施分级管控。宜昌市资源环境生态红线体系包括生态功能保障基线（以下简称生态功能控制线）、环境质量安全底线（以下简称环境质量红线）和自然资源利用上线（以下简称资源利用上线）。

通过对生态、水、大气等开展环境系统解析，并与经济社会发展规划、土地利用总体规划、城市总体规划等规划充分协调，确定空间分区管控方案。宜昌市生态功能分区管控分为生态功能控制区（红线区）、生态功能黄线区及生态功能绿线区三个管控级别，水及大气环境质量分区管控分为红线区、黄线区和绿线区三个管控级别，见表 2-1。

表 2-1　宜昌市生态环境空间分区管控方案

环境要素	生态功能控制区（红线区）		生态功能黄线区		生态功能绿线区	
	面积/km²	比例/%	面积/km²	比例/%	面积/km²	比例/%
生态环境	10 358.56	48.83	6 684.42	31.50	4 171.93	19.67
水环境	6 358.37	29.99	6 532.84	30.82	8 307.84	39.19
大气环境	3 537.59	16.65	6 911.17	32.53	10 799.94	50.82

生态功能控制区对重要的生态功能区实行严格保护，禁止大规模工业和城镇开发活动，以保障全市生态服务功能，维护全域生态安全格局；黄线区对产业布局、城镇建设、资源开发、项目建设和环境保护实行限制性要求；绿线区根据相关法律法规实施引导开发。环境质量红线区实施水和大气的分要素管理，对不同区域水污染物排放和大气污染物排放实行分级管控，禁止破坏水环境、大气环境功能的行为，以维护全市水环境、大气环境质量安全。

宜昌市资源利用上线制订了全市水资源及土地资源承载力上线，分析了水环境及大气环境承载力上线，并提出了相应的调控措施。

二、生态功能分区管控

宜昌市生态功能分区技术方法包括五个步骤，分别是：识别生态功能重点区域；评价生态系统服务重要性、敏感性、脆弱性；制订生态功能分区分级划分原则；划订生态功能控制区（红线区）、生态功能黄线区、生态功能绿线区；制订分区分级管控措施。

宜昌市生态功能控制线范围面积为10 358.56 km^2，占全市总面积的48.83%；生态功能黄线区面积为6 684.42 km^2，占全市总面积的31.5%；生态功能绿线区面积为4 171.93 km^2，占全市总面积的19.67%。宜昌市各县（市）区生态功能分区管控面积统计见表2-2。

表2-2　宜昌市各县市区生态功能分区管控面积统计表

县（市）区	生态功能控制区		生态功能黄线区		生态功能绿线区	
	面积/km^2	比例/%	面积/km^2	比例/%	面积/km^2	比例/%
西陵区	31.22	34.93	8.22	9.2	49.93	55.87
伍家岗区	22.52	30.47	3.87	5.24	47.52	64.29
点军区	349.04	64.96	17.55	3.27	170.73	31.77
猇亭区	41.59	33.49	6.87	5.53	75.74	60.98
夷陵区	1 712.39	50.85	1 557.77	46.26	97.40	2.89
远安县	763.57	43.88	412.03	23.68	564.60	32.44
兴山县	863.21	36.87	1 469.29	62.77	8.41	0.36
秭归县	1 418.39	62.14	850.15	37.24	14.12	0.62
长阳土家族自治县	2 142.04	62.73	1 251.58	36.65	21.21	0.62
五峰土家族自治县	1 593.19	67.13	743.79	31.34	36.27	1.53
枝江市	168.32	12.27	211.83	15.43	992.27	72.30
宜都市	496.31	36.8	46.95	3.48	805.28	59.71
当阳市	756.78	35.2	104.5	4.86	1 288.44	59.94
宜昌全市	10 358.56	48.83	6 684.42	31.50	4 171.93	19.67

宜昌市生态功能控制区（红线区）主要包括水源涵养功能重要区、土壤侵蚀敏感区、土壤保持功能重要区以及全市51个市级以上（含市级）的自然保护区、10个市级以上（含市级）森林公园，13个重要风景名胜区（国家级、省级、5A级），35个永久性保护绿地、山体和水体，省级及以上生态公益林，3个重要地质公园，1个珍稀物种分布区，4个蓄滞洪区和3个国家级湿地公园，总面积10 358.56 km^2，占宜昌市总面积的48.83%（见表2-3，已扣除各重叠区域）。生态功能控制区实行生态功能的严格保护，禁止大规模城镇建设、工业开发、矿产资源开发和改变区域原生状况的活动。

表 2-3　生态功能控制区地块类型统计表

序号	类型	保护内容	面积/km^2
1	自然保护区	长阳崩尖子自然保护区等市级及以上自然保护区共 51 个	1 802.24
2	森林公园	柴埠溪国家森林公园等市级及以上森林公园 10 个	937.18
3	重要风景名胜区	玉泉山风景名胜区等重要风景名胜区 13 个	1 534.76
4	永久性保护绿地	港城路、运河等永久性保护山体、水体、绿地 35 个	32.78
5	生态公益林	国家级、省级生态公益林	5 322.82
6	重要地质公园	五峰省级地质公园等重要地质公园 3 个	96.33
7	珍稀物种分布区	疏花水柏枝等濒危物种分布区	12.36
8	蓄滞洪区	上百里洲行洪区等蓄滞洪区 4 个	135.92
9	国家湿地公园	当阳青龙湖国家湿地公园等国家级湿地公园 3 个	24.06
10	生态极重要、极敏感、脆弱区	水源涵养功能重要区、土壤侵蚀敏感区、土壤保持功能重要区等	8 373.67
合计		扣除重叠面积后	10 358.56

生态功能控制区（红线区）管控制度：①实施生态保护，禁止大规模的城镇建设、工业开发、矿产资源开发和新建引水式电站等高强度开发和改变区域原生状况的活动。②自然保护区、森林公园、重要风景名胜区、重要地质公园、永久性保护绿地、生态公益林、国家湿地公园等法定保护区，按照相关保护管理法律和规章制度，实施严格管理，加强生态保护与恢复，禁止影响生态保护的开发和建设行为。③珍稀物种分布区禁止采砂取土等开发活动，维持珍稀物种生境原生自然状况。④蓄滞洪区根据相关规定，在不影响蓄滞洪能力的前提下，适度发展农业和旅游业，限制大规模的城镇和基础设施建设。⑤其他生态极重要、极敏感、脆弱区禁止新建、扩建工业项目，禁止新建露天采矿等生态破坏严重的项目，禁止新建规模化畜禽养殖场。现有的工业企业、矿山开发、规模化畜禽养殖场要逐步减少规模，降低污染物排放量，逐步退出，场地实施生态恢复。规划实施期内，若现有各类法定保护区范围与面积有调整，应按照调整后的方案纳入生态功能红线区进行管理。新设立自然保护区、风景名胜区、森林公园、地质公园、蓄滞洪区、湿地公园等自动纳入生态功能控制线。其他类型地块调整，需经过市人大常委会审议批准。

生态功能黄线区包括：国家及省级限制开发区除红线区外的区域，河滨敏感带、湖岸敏感带等。黄线区属于限制开发区域，原则上实行“点状开发、面上保护”，限制大规模高强度工业化城镇化开发，必要的小城镇建设和特色产业发展需要加强开发内容、方式及开发强度控制，实行更加严格的环境准入，限制矿产资源开发，加强生态治理和修复，提高生态服务功能。

其他区域为生态功能绿线区。生态功能绿线区属于重点开发区域，应严格执行环境保护各项法规和标准要求，实施集约开发。

三、环境质量分区管控

（一）水环境质量分区

宜昌市水环境质量分区技术包括五个步骤，依次为：运用数字高程模型解析地表水系，将全域划分为 2 572 个水环境基本控制单元；结合宜昌市地表水环境功能区划及全市集中式饮用水水源保护区划分方案识别高功能水体；制定水环境质量分区分级原则；划定水环境质量红线区、黄线区、绿线区；制订水环境质量分区分级管控措施。

宜昌市水环境质量红线区面积为 6 358.37 km^2，占全市总面积的 29.99%；水环境质量黄线区面积为 6 532.84 km^2，占全市总面积的 30.82%；水环境质量绿线区面积为 8 307.84 km^2，占全市总面积的 39.19%。宜昌市各县市区水环境质量分级管控面积统计见表 2-4。

表 2-4　宜昌市各县市区水环境质量分区管控面积统计表

县（市）区	水环境质量红线区		水环境质量黄线区		水环境质量绿线区	
	面积/km^2	比例/%	面积/km^2	比例/%	面积/km^2	比例/%
西陵区	5.09	5.83	82.21	94.17	0.00	0.00
伍家岗区	0.00	0.00	88.50	89.34	10.56	10.66
点军区	68.67	13.92	277.79	56.31	146.91	29.78
猇亭区	8.56	7.25	109.61	92.75	0.00	0.00
夷陵区	1 367.51	40.76	824.47	24.57	1 163.08	34.67
远安县	346.73	19.62	656.52	37.14	764.28	43.24
兴山县	677.53	28.48	645.25	27.13	1 055.97	44.39
秭归县	825.56	36.17	428.03	18.75	1 028.76	45.07

续表

县（市）区	水环境质量红线区		水环境质量黄线区		水环境质量绿线区	
	面积/km^2	比例/%	面积/km^2	比例/%	面积/km^2	比例/%
长阳土家族自治县	1 420.29	41.63	887.54	26.02	1 103.79	32.35
五峰土家族自治县	888.97	37.59	787.57	33.30	688.27	29.10
枝江市	109.74	8.45	663.23	51.07	525.73	40.48
宜都市	285.74	20.47	338.42	24.25	771.50	55.28
当阳市	353.99	16.49	743.70	34.64	1 049.00	48.87
宜昌全市	6 358.37	29.99	6 532.84	30.82	8 307.84	39.19

水环境质量红线区包括：133个城镇及乡镇集中式饮用水水源地、目标水质为Ⅱ类的水体径流区（不含工业园区、中心城区及乡镇建成区）。水环境质量红线管控制度：①对水环境资源实行最严格的保护，控制单元所在流域水污染物实行总量减排，现有的工业废水排放口应限期关闭，禁止新建排污口；②禁止排放船舶废水；③大力发展生态绿色农业，开展农业面源污染物减排，禁止建设规模化畜禽养殖场；④禁止开展网箱养殖、投肥（粪）养殖；⑤开展污水中水回用，实行用水梯级循环；⑥禁止矿山开采等水生态环境破坏严重的项目；⑦集中式饮用水水源一级保护区禁止新（改、扩）建与供水设施和保护水源无关的建设项目，已建成的与供水设施和保护水源无关的建设项目，责令拆除或关闭；集中式饮用水水源地二级保护区内禁止新（改、扩）建排放污染物的建设项目，已建成的排放污染物的建设项目，责令拆除或者关闭，禁止从事游泳、垂钓或其他可能污染水体的活动。

水环境质量黄线区包括：目标水质为Ⅱ类的水体径流区内的工业园区、中心城区及乡镇建成区、目标水质为Ⅲ类的水体超标水域径流区、目标水质为Ⅳ类及Ⅴ类的水体径流区。水环境质量黄线区应合理利用水环境承载力，谨慎开发，严格监控；严格执行国家相应的行业规范、标准要求，确保环境质量不恶化，逐步恢复生态功能；严格控制污染物排放总量；重点整治规模化的畜禽养殖场和养殖小区；严格限制可能造成严重水体污染和生态破坏的矿产资源开发。

水环境质量绿线区为目标水质为Ⅲ类的达标水域径流区。该区域在满足产业准入、总量控制、排放标准等管理制度要求的前提下可集约发展。

（二）大气环境质量分区管控

宜昌市大气环境质量分区技术方法分为六个步骤，依次为：结合地形高程数据和全年气象数据，运用中尺度及小尺度气象模型解析宜昌市三维气象场；分别利用中尺度及小尺度气象模型模拟全年及典型月风场、风速的空间分布；将全境划分为 2 362 个规则矩形网格，采用 CALPUFF 模型模拟识别环境空气敏感空间（污染物易聚集区、源头敏感区）；制定大气环境质量分区分级原则；划定大气环境质量红线区、黄线区、绿线区；制定大气环境质量分区分级管控措施。

宜昌市大气环境质量红线区面积为 3 537.59 km^2，占全市总面积的 16.65%；大气环境质量黄线区面积为 6 911.17 km^2，占全市总面积的 32.53%；大气环境质量绿线区面积为 10 799.94 km^2，占全市总面积的 50.82%。宜昌市各县（市）区大气环境质量分区管控面积统计见表 2-5。

表 2-5 宜昌市各县（市）区大气环境质量分区管控面积统计表

县（市）区	大气环境质量红线区		大气环境质量黄线区		大气环境质量绿线区	
	面积/km^2	比例/%	面积/km^2	比例/%	面积/km^2	比例/%
西陵区	89.43	100.00	0.00	0.00	0.00	0.00
伍家岗区	61.36	83.00	12.57	17.00	0.00	0.00
点军区	439.07	81.60	98.63	18.33	0.35	0.07
猇亭区	46.57	37.49	30.49	24.54	47.18	37.97
夷陵区	594.00	17.64	1 427.56	42.38	1 346.55	39.98
远安县	76.74	4.41	522.17	30.01	1 141.30	65.58
兴山县	541.05	23.11	578.60	24.71	1 221.68	52.18
秭归县	447.81	19.62	1 171.13	51.30	663.96	29.08
长阳土家族自治县	258.52	7.57	1 556.69	45.58	1 599.74	46.85
五峰土家族自治县	535.09	22.41	345.56	14.47	1 506.80	63.11
枝江市	76.10	5.54	230.44	16.79	1 065.90	77.66
宜都市	268.71	19.67	442.61	32.40	654.61	47.92
当阳市	103.14	4.80	494.72	23.01	1 551.86	72.19
宜昌全市	3 537.59	16.65	6 911.17	32.53	10 799.94	50.82

大气环境质量红线区主要包括：宜昌市中心城区、各县（市）区建成区等人口聚集

区及其年主导风向为上风向等源头极敏感地区，三峡库区沿岸等聚集极脆弱地区，自然保护区、重要风景名胜区等对空气质量要求很高的环境功能区域。大气环境质量红线管控制度：红线区内的污染源头敏感区、污染聚集脆弱地区应禁止新（改、扩）建除热电联产以外的煤电、建材、焦化、有色、石化、化工等行业中的高污染项目；禁止新建涉及有毒有害气体排放的化工项目；新（改、扩）建其他项目实行大气污染物倍量削减，即按照建设项目污染物排放量的 2 倍实行区域总量削减替代。红线区内的受体重要区域：①市级及以上自然保护区、重要风景名胜区、森林公园，禁止建设排放大气污染物的工业项目，现有工业大气排放源（燃煤锅炉、工业炉窑等）应责令关停；禁止使用煤、重油、油渣等污染重的燃料；禁止秸秆散烧；禁止焚烧生活垃圾、建筑垃圾、环卫清扫物等废弃物；加强餐饮业燃料烟气及餐饮油烟防治，鼓励餐饮业及居民生活能源使用天然气、液化石油气、生物酒精等洁净能源。②宜昌市中心城区及各县（市）区中心集镇，禁止新建排放大气污染物的工业项目，禁止新增工业大气污染物；现有产生大气污染物的工业企业应持续开展节能减排，大气污染严重的工业企业应责令关停或逐步迁出；划定“禁煤区”，禁止燃煤、重油、油渣等燃料；禁止焚烧生活垃圾、建筑垃圾、环卫清扫物等废弃物；加强餐饮业燃料烟气及油烟防治，使用天然气、液化石油气、生物酒精等洁净能源；实施机动车污染防治计划；实施城市扬尘污染防治方案；倡导低碳生活方式，不断降低人均燃气污染物排放量。

大气环境质量黄线区主要集中在红线区外围，涉及对人口密集区有重要影响的大气污染物易聚集区、污染物排放源头敏感区等。大气环境质量黄线区管控制度：①环境空气质量现状超标区：实施超标区域及源头区域（对红线区造成严重污染的区域）污染物总量减排计划，大气污染严重的工业企业应实施关停，淘汰过剩产能及“两高一资”产业。对环境空气中浓度超标的污染物，禁止新建排放该类废气污染物的工业项目，禁止新增该类废气污染物。②环境空气质量现状达标区：控制工业园及城镇发展规模；新（改、扩）建的工业项目应采用先进的生产工艺及废气污染物治理技术，污染物排放应符合大气污染物总量控制及达标排放要求；淘汰过剩产能及“两高一资”产业；严格控制区域内火电、石化、化工、冶金、钢铁、建材等高耗能行业产能规模、大气污染物排放总量及单位 GDP 煤耗。

大气环境质量绿线区为黄线区外围区域，主要分布在包括东部平原地区、西部及北部海拔较高空气扩散条件较好的区域。大气环境质量绿线区在满足产业准入、总量控制、排放标准等管理制度要求的前提下合理发展。

四、资源利用上线

《环境总规》重点研究制订了水资源、土地资源承载力上线，水环境以及大气环境承载力上线。

（一）水资源承载力上线

采用“以水定人、以水定产和以水定城”的方法，来测算宜昌市水资源承载的人口规模上线。按照水资源短缺临界值的国际标准（2 000 m^3/人），以宜昌市近五年平均水资源量（不含客水）进行水资源极限人口测算，宜昌市多年平均水资源量为137.13亿m^3/a，水资源极限承载人口数为685.65万人，满足城市总体规划2030年人口发展规模545万人的预期。国际公认的水资源开发利用极限为水资源总量的40%，若全市人口发展到545万人，将较大程度地侵占生态环境用水。宜昌市城区多年平均水资源量为27.75亿m^3/a，水资源极限承载人口数为138.75万人，宜昌市城市总体规划中2015年城区人口发展规模为171万人，2030年城区人口发展规模为201万人，均超过水资源极限承载人口数。宜昌市各县（市）区水资源人口承载力限值测算结果见表2-6。

表2-6　宜昌市各县（市）区水资源人口承载力限值测算结果

县（市）区	多年平均水资源量/亿 m^3	水资源极限承载人口数/万人	城市总体规划人口聚集规模/万人		
			2015年	2020年	2030年
宜昌市中心城区*（五个区）	27.75	138.75	171	183.5	201
远安县	6.69	33.45	23	24.5	26
兴山县	12.46	62.3	19	19.5	22
秭归县	15.65	78.25	43	45	47
长阳土家族自治县	27.06	135.3	42.5	44	46
五峰土家族自治县	21.76	108.8	22	23.5	25
枝江市*	7.78	38.9	58	64	70
宜都市	10.27	51.35	44	47	49
当阳市*	7.71	38.55	55	57.5	59
市域合计	137.13	685.65	477.5	508.5	545

注：* 规划期内超过自身水资源上限区域。

结合全市水资源人口承载力限值测算结果，宜昌市应重点从以下几个方面采取对策：

（1）优化产业结构和布局。在产业布局和城镇发展中充分考虑水资源条件，大力调整全市经济结构，城五区严控高耗水、高污染项目建设。以长江为轴线，依托长江水资源，以宜昌开发区、宜昌化学工业园区等重点开发区（园区）为载体，积极推进产业布局向沿江地带集中，工业项目向开发区（园区）集中，生产要素向优势产业集中。

（2）严格控制水资源开发利用总量。控制全市用水总量，2015 年用水总量不超过 20.24 亿 m^3，2020 年不超过 22.4 亿 m^3，2030 年不超过 23.26 亿 m^3。提高用水效率，到 2030 年，单位工业增加值新鲜水耗不高于 18 m^3/万元。

（3）加强工业节水。着力抓好建材、化工、食品、造纸等高耗水行业的节水技术改造，通过节水技术改造，加大废水深度处理回用力度，减少污水排放，逐步提高工业用水重复利用率，降低经济社会发展对水资源的过度消耗和对水环境与生态的破坏。2020 年，工业用水重复利用率不小于 90%；2030 年，工业用水重复利用率达到 95%。

（4）强化生活和服务业用水管理。推广节水设施和器具，提高城镇生活用水效率，确定城镇人均生活用水定额，2020 年城市居民生活用水量不高于 175 L/（人·d），2030 年不高于 180 L/（人·d）。

（5）提高农业用水效率。对枝江市、远安县、当阳市等农业耗水总量较多、比重较大的县（市）区，重点推进大中型灌区续建配套与节水改造，加快小型农田水利设施建设步伐，发展高效节水灌溉，提高农业灌溉用水效率，2020 年达到 0.55 以上，2030 年达到 0.60 以上。

（二）土地资源承载力上线

按照保障区域生态安全、限制生态脆弱区开发、维护城市环境舒适宜居的基本要求，对全市土地开发进行适宜性评价，扣除维护城市安全用地，宜昌市适宜利用的建设用地总量约为 2 841 km^2，占宜昌市国土面积的 13.4%。在适宜建设用地范围内，基于城乡公共服务设施和道路网建立服务中心网络评价模型，识别宜昌市地形条件较好、交通便捷的经济性建设用地总量为 1 805.5 km^2，占宜昌市国土面积的 8.56%。宜昌市各县市区城镇建设土地开发强度及承载人口限值测算结果见表 2-7。

表 2-7 宜昌市各县（市）区城镇建设土地开发强度及承载人口限值测算结果

县（市）区	2009 年城市建设用地/km^2	适宜建设用地总量/km^2	经济建设用地总量/km^2	承载上限/万人	2020 年			2030 年		
					建设用地总量*/km^2	开发强度/%	承载限值/万人	建设用地总量*/km^2	开发强度/%	承载限值/万人
西陵区	120.79	52.3	52.3	267	178	67	178	220	82	220
伍家岗区		79.9	78.9							
点军区		78.9	78.8							
猇亭区		59.7	57.2							
夷陵区	160.05	488.4	284.7	190	131	46	87	171	60	114
远安县	63.86	224.1	165.5	110	50	30	22	83	50	41
兴山县	46.00	54.5	26.4	18	25	96	11	29	112	15
秭归县	82.95	57.4	43.3	29	45	105	20	46	107	23
长阳土家族自治县	85.12	57.2	36.5	120	75	42	32	81	45	40
五峰土家族自治县	49.51	314.3	179.5	24	42	114	18	42	114	21
枝江市	219.21	374.5	227.8	152	180	79	78	194	85	97
宜都市	93.61	324.5	227.8	152	87	38	38	91	40	46
当阳市	214.21	674.8	346.8	231	176	51	76	191	55	95
合计	1 135.31	2 840.5	1 805.5	1 293	989	55	560	1 148	64	712

注：*仅包括镇以上建设用地。

宜昌市应严格控制县（市）区城镇建设用地总量，各县（市）区城镇在开发和基础设施建设过程中土地开发强度不宜超过经济性建设用地的总量范围，土地开发强度及承载人口限值不宜超过表 2-7 中控制限值。其中，中心城区应严格控制建设用地扩张，积极提高土地利用绩效水平，禁止占用山体、河道、绿地，切实保护好生态、人文等城市安全用地。2020 年土地开发强度不宜超过 35%，用地总量控制在 225 km^2 以内，到 2030 年，土地开发强度控制在 50%左右，城镇建设用地总量不宜超过 322 km^2。枝江市、当阳市等建设用地资源丰富区域，要严格保护耕地，调整土地利用结构，坚持集约发展。兴山县、秭归县、五峰土家族自治县等土地资源受限区域，应坚持生态优先的原则，控制城镇发展规模，适度开发。

（三）水环境承载力上线

通过对主要水污染物（COD、NH_3-N、TP）排放量与理想水环境容量对比，分析全市水环境承载强度，承载率超过1.5的区域为容量饱和区，承载率在0.8～1.5的区域为容量基本平衡区，承载率小于0.8的区域为容量富余区。现状评价结果显示，宜昌市水环境主要污染物COD、NH_3-N和TP的承载率均在0.8以下。不同地区水环境承载有差别，西陵区、伍家岗区、猇亭区、点军区等城区和枝江市NH_3-N排放饱和，当阳市NH_3-N排放接近饱和；当阳市和枝江市TP严重超载；各县（市）区COD排放量在容量范围内。

全市水环境COD承载率为0.21，容量较为富余，全市13个县（市）区从高到低的排序为：枝江市（0.78）＞当阳市（0.43）＞宜昌城区（0.4）＞宜都市（0.27）＞长阳土家族自治县（0.12）＞远安县（0.1）＞秭归县（0.08）、五峰土家族自治县（0.08）＞兴山县（0.06）。

全市水环境NH_3-N承载率为0.8，容量接近饱和，从高到低的排序为：枝江市（2.82）＞宜昌城区（1.7）＞当阳市（1.46）＞宜都市（0.92）＞长阳土家族自治县（0.35）＞秭归县（0.33）＞远安县（0.32）＞五峰土家族自治县（0.29）＞兴山县（0.15）。其中，枝江市、宜昌城区水环境NH_3-N容量已饱和，当阳市、宜都市水环境NH_3-N容量基本平衡，其他县（市）区水环境属于NH_3-N容量富余区。

全市水环境TP承载率为0.71，容量基本平衡，从高到低的排序为：枝江市（2.81）＞当阳市（2.29）＞宜昌城区（0.81）＞宜都市（0.72）＞长阳土家族自治县（0.39）＞秭归县（0.35）＞五峰土家族自治县（0.32）＞远安县（0.3）＞兴山县（0.13）。其中，枝江市、宜昌城区水环境TP容量已严重饱和，宜昌城区水环境TP容量基本平衡，其他县（市）区水环境属于TP容量富余区。

结合全市水环境承载现状评估结果，宜昌市应引导各县市区形成与水环境承载相协调的发展格局。对于宜昌市中心城区、枝江市、当阳市等NH_3-N、TP水环境容量饱和区，实施总量减排限排，必要时实施小流域限批，开展清洁生产，中水回用，实行用水梯级循环，不断降低废水污染物排放量；通过能耗、水耗、排污、效益环境管理审计优化园区产业结构，淘汰废水污染物排放量大的落后产能。夷陵区、枝江市、当阳市等地应延长磷化工产品加工产业链，优化产业发展、实现资源充分利用。兴山县、秭归县、长阳土家族自治县、五峰土家族自治县等县尽管处于水环境容量富余区，但处于流域上游，应严格实行“等量置换”或“减量置换”原则；兴山县的磷酸盐精细化工、农副产品加工等行业适度发展、推行循环经济发展模式，控制富营养污染物 TP、NH_3-N 进入水环境；秭归县、长阳土家族自治县、五峰土家族自治县等应坚持深化工农业结构调整、发展生态旅游业；夷陵区北部、远安县西部黄柏河流域内应严格限制矿山开采，采取措施控制矿山废水排放，确保黄柏河东支的水环境质量安全。

（四）大气环境承载力上线

采用大气扩散条件不利月份的气象因素，来测算宜昌市各县（市）区的大气环境容量。通过对主要大气污染物（SO_2、NO_x、PM_{10}）排放量与理想大气环境容量对比，分析全市大气环境承载强度。大气环境承载现状评估表明，宜昌城区大气环境容量相对较小，远安县、兴山县、五峰土家族自治县、长阳土家族自治县等西北部山区大气环境容量相对较大，大气环境承载率总体呈平原较弱、山区较强的特征。

各地大气环境 SO_2 承载率从高到低的排序为：宜都市（2.48）＞枝江市（1.42）＞宜昌城区（0.81）＞当阳市（0.36）＞秭归县（0.24）＞兴山县（0.24）＞远安县（0.17）＞五峰土家族自治县（0.11）＞长阳土家族自治县（0.06）。其中，宜都市、枝江市大气环境 SO_2 容量已饱和，宜昌城区 SO_2 容量基本平衡，其他县（市）属于 SO_2 大气环境容量富余区。

大气环境 NO_x 承载率从高到低的排序为：宜都市（2.04）＞枝江市（0.73）＞当阳市（0.46）＞宜昌城区（0.32）＞秭归县（0.27）＞兴山县（0.19）＞远安县（0.17）＞五峰土家族自治县（0.08）＞长阳土家族自治县（0.01）。其中，宜都市大气环境 NO_x 容量已饱和，枝江市 NO_x 容量基本平衡，其他县（市）区及宜昌城区属于 NO_x 大气环境容量富余区。

大气环境 PM_{10} 承载率从高到低的排序为：枝江市（2.44）＞宜都市（2.03）＞当阳市（1.73）＞宜昌城区（1.08）＞秭归县（0.54）＞远安县（0.46）＞兴山县（0.45）＞五峰土家族自治县（0.29）＞长阳土家族自治县（0.1）。其中，枝江市、宜都市、当阳市、宜昌城区大气环境 PM_{10} 容量已饱和，其他县（市）区属于 PM_{10} 大气环境容量富余区。

结合全市大气环境承载现状评估结果，宜昌市应引导各县（市）区形成与大气环境承载相协调的发展格局。宜昌城区可吸入颗粒物超载，开发潜力较小，应严格限制新建烟（粉）尘排放项目；宜都市、枝江市和当阳市主要大气污染物超载较严重，其中宜都市 NO_x、SO_2 及 PM_{10} 排放总量均超载，枝江市和当阳市 PM_{10} 排放总量超载，这三个地区应加大废气污染物排放企业的整治力度。远安县、兴山县、秭归县、五峰土家族自治县、长阳土家族自治县虽然大气环境容量相对丰富，但应根据大气环境质量红线的要求来优化产业布局，合理利用环境容量，严格控制河谷地带废气排放总量。

第四节 宜昌市环境总体规划实施过程问题剖析

结合在《环境总规》应用过程积累的实践经验，重点对生态功能分区管控制度、水及大气环境质量分区管控制度、管理机制等方面存在的问题进行深入剖析。

一、生态功能分区管控制度存在的问题

（一）分区边界不准、基础信息欠缺

生态功能控制区与部分城镇空间、永久基本农田以及合法的工农业生产用地范围存在相互交织、重叠的情形。在《环境总规》的编制过程中，由于全域城镇空间范围、合法的工农业生产生活地块信息等掌握不够全面，部分法定自然保护地尚未划定边界，导致部分管控地块图形边界不准、信息不全。

（二）对生态类型的功能差异性研究不足，管控制度不够科学

《环境总规》虽然建立了生态功能分区管控制度，但对生态类型的功能差异性研究不足，分区管控措施不够精准，存在“一刀切”的情形。生态功能控制区包含 12 种生态类型，共 291 个地块，不同类型的生态区域环境状况及保护要求存在差异。比如控制区内所有地块总的要求是：“实施生态保护，禁止大规模的城镇建设、工业开发、矿产资源开发和新建引水式电站等高强度开发和改变区域原生状况的活动。”这对自然保护区等需要严格保护的生态区域适用，省级及以上自然保护区原则上应禁止开发，但不适用于蓄滞洪区，禁止改变区域原生状况的活动将使得蓄滞洪区适度的农业生产、基础设施建设及工业建设无法实施；水源涵养重要区、土壤保持功能重要区等评价认定的重要的生态功能区域内适度开发建设也将受到影响。不同类型的生态区域对环境管理的严格程度和要求应该有所差别，在环境管理松紧程度上应体现差异，需结合地块主导生态功能的差异，有针对性地完善分类管理制度。

（三）控制区及黄线区对行业的管控不够精细

现有的管控制度虽然对控制区、黄线区采取了分级管理，对法定保护区实行了分类管理，但是管控制度对行业的管控不够精细、可操作性不强。法定自然保护地范围以外的水源涵养功能重要区、土壤侵蚀敏感区、土壤保持功能重要区等，目前在管控上总的

要求是："禁止新建、扩建工业项目，禁止新建露天采矿等生态破坏严重的项目，禁止新建规模化畜禽养殖场。现有工业企业、矿山开发、规模化畜禽养殖场要逐步减少规模，降低污染物排放量，逐步退出，场地实施生态恢复。"该项要求对部分项目的建设带来较大阻力，项目若需建设须履行较烦琐的审批手续。比如宜昌境内风电资源较好的区域大多位于西部丘陵地区，许多地区被纳入土壤保持功能重要区、水源涵养功能重要区，不得建设风电项目。该类型控制区内建设风电项目须由县级人民政府组织编制生态功能控制线调整专题论证报告，报请宜昌市环境保护委员会办公室组织的专家评审通过后，提请宜昌市人民政府审议，市人民政府组织相关部门对项目开展调研论证，经市人民政府常务会议审议通过后，提交市人大常委会审议表决，经批准后方可实施。

（四）多种生态主导功能重叠的区域尚未明确管控要求

有的法定自然保护地与非法定自然保护地（如水源涵养功能极重要区、土壤侵蚀极敏感区等）局部重叠，重叠区域存在交叉管理、多头管理的问题，管理成本高，调整程序复杂烦琐。

（五）与湖北省生态保护红线尚需进一步对接

2018 年湖北省人民政府发布《湖北省生态保护红线划定方案》，划定宜昌市生态保护红线区面积为 5 067.9 km^2（占宜昌市国土面积的 23.87%），保护对象为省级及以上重点生态功能区。生态保护红线是维护国家生态安全的底线和生命线，作为生态功能控制区的核心部分予以严格保护。通过图形对比发现，生态保护红线区少量超出生态功能控制区，生态功能控制区内生态保护类型需增补：县级以上集中式饮用水水源保护区、长江及清江重要水域及岸线、重要湖泊及水库、省级以上水产种质资源保护区等。

二、水环境质量分区管控制度存在的问题

（一）对污水排放尚未实现全方位管控

水环境质量红线区对污水排放尚未实现全方位管控，还存在管理盲区。水环境质量红线区对工业废水排放口、船舶废水、规模化畜禽养殖业等严格禁止，强化了对饮用水水源地的强制性管制，十分必要。但红线区管控措施还不够完备，有些方面的管理存在空白，如生活污水及其处理设施排放口、医疗机构废水排放口、服务业污水排放口、城镇雨水排放口、温排水排放口等在饮用水水源地保护区范围外的红线区能否排放尚未明确。红线区对农业源污染的管控以引导性措施为主，缺少强制性措施，而农村生活污

水、畜禽养殖散养户污水及化肥农药废水是影响农村地区水环境质量的重要来源，水环境质量红线区对农业面源的污染管控较为薄弱。

（二）水资源保护与矿产资源开发建设活动矛盾突出

水环境质量红线区的管控与矿产资源开发等建设活动的关系尚未完全厘清，特别是在黄柏河东支流域饮用水水源地上游水资源保护与磷矿富集地资源开发的矛盾尚不能很好的解决。水环境质量红线区要求“禁止矿山开采等水生态环境破坏严重的项目”，然而，不是所有矿山开采都会破坏水生态环境，如中小型露天采石场一般无生产废水，矿山开采范围如果不侵占水体、河道、影响地下含水层，雨季矿区范围地表径流经收集处理后全部回用则不会对水生态环境造成影响；磷矿开采主要为地下深井开采，如果开采过程中不影响地下含水层，则涌水量很少，涌水经处理后若能达到地表水质量标准，不影响地表水水质，也不会破坏水生态环境；如果矿井涌水量较大，影响了流域水资源分配，造成地表水体部分河段减水或脱水，或者涌水中排放因子浓度超过地表水体水质标准，则会对水生态环境造成较大的不利影响，水环境质量红线区内应该限制或禁止；煤矿、锰矿等开采项目，涌水量较大，矿井排水时即使进行了处理但仍可能对地表水生态环境造成较大的不利影响，这类项目在水环境质量红线区应该禁止。矿山排水不同于工业企业排污，总的来说应结合资源种类、开采方式和对水环境的影响具体分析，禁止和限制类矿山开采类别和规模应进一步细化。

三、大气环境质量分区管控制度存在的问题

（一）对行业的管控不够精细完备，产业准入负面清单对行业的管控总体上较简单粗糙

大气环境质量红线区中的污染源头敏感区及聚集脆弱区虽然制订了产业准入负面清单及倍量削减措施，但是对行业的管控还不够完备。按照规定，“大气环境质量红线区内的污染源头敏感区、污染聚集脆弱地区禁止新（改、扩）建除热电联产以外的煤电、建材、焦化、有色、石化、化工等行业中的高污染项目；禁止新建涉及有毒有害气体排放的化工项目；新（改、扩）建其他项目实行大气污染物倍量削减。”除上述被禁止的行业外，其他行业也存在废气排放污染严重的项目，如机电行业油漆废气、规模化畜禽养殖场及污水处理厂恶臭、露天采石场粉尘、食品行业发酵废气等，大气环境质量在红线区这类项目也应禁止或者限制。被禁止的行业可能只排放废水但不产生废气污染，如只开展产品混配和封装的化工、轻工类项目，石化产品罐区及仓储类项目等，这些项目

生产过程基本不产生废气，只要符合工业园区产业规划，则可以建设。解决以上问题需要对准入负面清单进行进一步细化。

（二）敏感空间重叠区域存在交叉管理

大气环境质量红线区中的污染源头敏感区及聚集脆弱区与受体重要区域部分重叠，管控制度未突出其主导大气环境功能，对重叠区域尚未明确管控要求。

（三）大气环境质量分区地块边界有待进一步优化完善

大气环境质量红线区划定范围目前还不够全面，《环境总规》完成了全市污染源头敏感区、聚集脆弱区、宜昌市中心城区人口集中区红线区和黄线区边界的划定，要求县级城市人口集中区边界及面积由各县级城市人民政府予以划定，这项工作目前尚未完成，大气环境质量红线分级管理在县级城市层面尚未全面贯彻落实。

四、资源利用上线问题剖析

《环境总规》探索建立了资源利用上线制度，在实践应用中主要存在三个方面的问题：一是资源利用上线控制指标较少，缺少能源利用上线指标；二是县级行政区土地、水资源利用上线指标规划目标值的合理性需进一步研究复核；三是水、大气环境承载率是一个动态变化的过程，需结合环境质量年度变化状况及时核算，并与污染物排放总量减排目标有效衔接。

五、管理机制问题剖析

（一）生态功能分区管控制度的科学性和可操作性有待提升

《环境总规》虽然制订了生态、水及大气分区管控制度，在实际运用过程中总体来看还存在较为原则，内容不够科学全面，存在可操作性不强、管理空白等问题，需要进一步深化和细化相应管控制度，对法定保护区应遵循以法律法规管控为主的原则，非法定保护区应建立完善的环境准入清单，提高生态功能分区管控制度的科学性和可操作性。

（二）尚未建立清查退出机制

对生态功能控制区及黄线区已建项目及历史遗留问题的排查及整改，有的地方（如宜都市）出台了露天采石场清查退出机制，原则上生态功能控制区内的露天采石场在三年内有序退出，矿区不扩界、采矿证到期后不再延续，但市级层面及大多数县（市）区尚未制订相应制度。水及大气环境质量红线区、黄线区内现有的不符合管控要求的产业、项目及开发建设行为应如何进行清理尚未制订相应制度。实践中问题最突出的领域就是矿山开采行业，特别是有的露天矿山位于生态功能控制区和大气环境质量红线区，有的磷矿开采区位于水环境质量红线区，如何控制规模、逐步退出，尚存在制度空白。生态功能控制区、水及大气环境质量红线区内违法违规开发建设活动的清查及退出，应着重解决不符合管控要求的已有开发建设项目的土地权属、经营期限、退出方式和补偿机制等问题。

（三）信息公开程度不高，尚未形成多部门协同管理及社会共治的合力

《环境总规》信息公开程度不够高，部门责任不够明确，尚未建立多部门协同管理的综合监管体制。《环境总规》目前主要由宜昌市生态环境部门贯彻执行，地方政府及相关部门责权不明晰，社会监督力量不足，未全面建立资源环境生态红线定期核查及责任追究制度，招商、自然资源和规划、住建、城管、交通运输等部门在项目规划选址、行政审批、执法检查中未充分贯彻《环境总规》，导致部分生态环境敏感、脆弱区域不能得到有效地保护。有的地方政府仍然偏重于经济指标，不重视资源环境生态红线的硬性约束，不按资源环境生态红线的管控要求对规划和建设项目科学选址，导致有的生态环境脆弱区域遭到不可逆的破坏，严重的丧失了生态功能。

（四）法律保障体系尚未建立

《环境总规》虽通过市级人大常委会审议批准，但作为新的环境规划类型，其相应的法律支撑体系不完善，法律保障不健全。

六、图形数据存在的问题

《环境总规》图形数据精度偏低，坐标系与土地利用规划、城乡规划不统一，存在坐标偏移的问题，与土地利用规划、城乡规划对接存在技术障碍。

第五节　完善生态环境空间分区管控制度的基本思路

通过对《环境总规》在实践过程中的问题剖析，结合湖北省生态保护红线及“三线一单”制度的研究进展，宜昌市生态功能分区管控制度的健全完善需重点研究解决五个

方面的问题。

一、完善生态空间重点管控的地块类型

结合《环境总规》《生态保护红线划定技术指南》《湖北省生态保护红线划定方案》以及各类自然保护地相关规划等，宜昌市需严格保护的生态功能区域类型需增补：县级及以上集中式生活饮用水水源保护区、长江及清江重要水域及岸线、重要湖泊、重要水库、省级及以上水产种质资源保护区、农业野生植物资源原生境保护区（点）、野生植物集中分布地、其他类型禁止开发区域等自然生态要素管控区，以上区域应全部纳入到生态功能控制线范围。

按照《生态保护红线划定技术指南》《湖北省生态保护红线划定方案》，将省级及以上重要的生态功能区纳入到生态保护红线，生态保护红线区是宜昌市生态功能控制区的核心部分，包括国家公园、省级及以上自然保护区、省级及以上森林公园的生态保育区和核心景观区、省级及以上风景名胜区的一级保护区（核心景区）、省级及以上地质公园的地质遗迹保护区、湿地公园的湿地保育区和恢复重建区、县级及以上集中式饮用水水源地一级保护区、国家级水产种质资源保护区的核心区、其他类型禁止开发区的核心保护区域、国家级生态公益林、长江及清江重要水域及岸线、重要湖泊、重要水库、重要湿地、野生植物集中分布地等。宜昌市生态保护红线及管理制度以湖北省人民政府公布的方案为准。

细化完善生态功能黄线区保护类型及地块清单。在以上工作基础上厘清生态功能控制线及黄线地块清单，在 1∶10 000 基础底图上核定各类管控地块地理边界。

按照《“生态保护红线、环境质量底线、资源利用上线和环境准入负面清单”编制技术指南（试行）》的要求，优化调整水、大气环境质量红线区及黄线区地块类型，并完成水、大气环境质量红线及黄线边界的精准核定。

二、优化生态功能分区管控措施

鉴于重点管控区域地块类型的多样性，在管控制度设计上既要考虑分区管理的要求，也要考虑生态功能控制线、生态保护红线范围及管控制度的差异性，还要考虑不同类型地块主导生态功能的差异，尽可能实施分类管理。生态功能分区管控措施的完善需要从深化和细化两方面着手，对法定自然保护地应遵循按照法律法规管理的原则，非法定自然保护地（如水源涵养功能重要区、土壤侵蚀敏感区、土壤保持功能重要区等）依据区域主导生态功能的要求，制订相应的分区分类管控措施或者环境准入清单。生态功

能分区管控制度应科学合理、切实可行，管控制度内容应力求准确、精细、简洁。

三、注重法律法规与准入清单相结合

由于主导生态功能的差异，生态功能控制线及黄线地块类型十分多样，对可以开发建设的区域，在制度设计上要高度重视行业产业对生态环境影响的差异性。国家对法定自然保护地（如自然保护区、森林公园、风景名胜区、地质公园、饮用水水源保护区、湿地公园、水产种质资源保护区等）已制定了相关的法律法规，法定自然保护地内的开发建设活动可依据法律法规进行管理。法定保护区开发建设活动应坚持依法依规的原则，确因重大建设项目需改变区域的原生生态环境的，应履行相应的法律手续。

对生态功能控制线、水和大气环境质量红线以及黄线中的非法定自然保护地，可研究制订环境准入正面清单或者负面清单，明确准入类或者禁止和限制类行业名录，解决重点管控区域开发建设活动的准入。对已颁布了法律法规及相关管理办法的法定自然保护地不必再制定环境准入清单，避免出现重复管理，出现制度上的矛盾。准入清单制度适用于目前未制定法律法规的重点管控区域的管理。

四、建立生态环境保护区域开发建设活动的退出机制

开展生态环境保护区域开发建设活动清查，引导和督促不符合控制区、红线区管控要求的开发建设活动逐步退出是实现生态环境保护区域有序管理和生态系统良性循环的重要保证。下一步，需研究制订生态环境、水及大气环境质量管控区域开发建设活动清查及退出方案，解决不符合生态环境空间管控要求的开发建设项目的土地权属、经营期限等问题，明确退出方式和补偿机制。对不符合管控要求的开发建设活动的清查和退出可借鉴深圳、武汉等地的有益经验，管控区内现有合法和非法的土地利用开发活动应区别对待，生产经营用地与农民生产和居住用地应区别对待，对生态环境影响程度不一样的土地开发利用活动应区别对待。

五、健全生态环境空间数据信息共享制度

生态环境空间管控线的划定、管理及维护是一项系统工程，需要地方政府及多个部门协同参与。各级政府及相关部门要积极履行生态环境保护的相关职责，并将生态环境空间管控线与国民经济和社会发展规划、国土空间规划、控制性详细规划及行业专项规划结合起来，加强各类规划空间控制线的充分衔接，建立发改、生态环境、自然资源和规划、水利和湖泊、林业和园林、农业农村、应急管理等部门生态环境空间管控信息共享机制。

第二部分

宜昌市中心城区环境控制性详细规划编制研究

第三章　规划总则

第一节　规划目的

为全面贯彻习近平生态文明思想以及党中央、国务院、湖北省委省政府关于生态保护红线以及“三线一单”等相关精神，深入落实《宜昌市环境总体规划（2013—2030年）》，指导和推动宜昌市中心城区生态文明建设，促进城市绿色、高质量发展，特编制《宜昌市中心城区环境控制性详细规划（2018—2030年）》。

第二节　指导思想

高举习近平新时代中国特色社会主义思想伟大旗帜，全面落实党的十九大精神，以习近平生态文明思想为指导，深入贯彻“创新、协调、绿色、开放、共享”五大发展理念，按照“五位一体”总体部署、“四个全面”战略布局和长江经济带“五个关系”的指导精神，坚持“生态优先、绿色发展”，坚持长江经济带“共抓大保护、不搞大开发”，以改善生态环境质量为核心，以资源环境生态红线管控为手段，细化生态环境空间分区管控战略、优化中心城区生态空间、农业空间、城镇空间布局，推进生态环境保护、国土开发、城乡建设、产业发展等多规融合，促进环境质量稳步提升、生态格局安全稳固、资源利用集约高效、产业布局科学合理、人与自然和谐共生，实现中心城区绿色转型和高质量发展。

第三节 规划原则

一、生态优先，绿色发展

坚持在保护中发展，在发展中保护，划定生态功能保障基线，完善生态功能分区管控制度，构建生态安全格局稳固、国土空间开发布局合理的中心城区绿色发展新格局。

二、以人为本，和谐发展

坚持生态惠民、生态利民、生态为民的发展战略，以改善环境质量、维护人居环境健康安全作为根本出发点和立足点，划定环境质量安全底线，完善水及大气环境质量分区管控制度，制订环境质量改善中长期战略，促进经济社会发展与环境保护相协调，实现人与自然和谐共生。

三、合理开发，持续发展

以环境承载力为基础，科学确定不同区域资源利用及环境承载力上线，优化资源开发、产业结构与布局，构建城镇建设、产业发展与资源环境承载力相协调的格局，促进经济社会的可持续发展。

四、多规融合，统筹发展

与生态环保规划、经济社会发展规划、土地利用规划、城乡规划等有机融合，将规划要求落实到国土空间用途管制、经济社会发展及行业规划等领域，实现规划成果共享，为宜昌市中心城区“多规合一”“多审合一”以及生态文明建设提供科学依据。

第四节　规划范围与规划年限

一、规划范围

本规划规划范围为：西陵区、伍家岗区、点军区、猇亭区和宜昌高新技术产业开发区（以下简称宜昌高新区），总面积 1 009.38 km^2，规划范围建成区面积为 135.1 km^2，包括 18 个街道、4 个镇、3 个乡，总人口约 95.68 万人，见表 3-1。中心城区土地利用现状、工业园及开发区分布见图 3-1、图 3-2。

表 3-1　规划范围行政区划情况

行政区	包含的街道、乡镇、工业园区	国土面积/km^2	行政管辖面积/km^2
西陵区	西陵街道、学院街道、云集街道、西坝街道、葛洲坝街道、夜明珠街道、窑湾街道	78.4	66.89
伍家岗区	大公桥街道、伍家岗街道、宝塔河街道、万寿桥街道、伍家乡	84.77	80.42
点军区	点军街道、桥边镇、艾家镇、联棚乡、土城乡	533	499.33
猇亭区	古老背街道、云池街道、虎牙街道	118.52	118.52
宜昌高新区	东山园区（东苑街道、南苑街道、北苑街道）； 宜昌生物产业园（龙泉镇的土门村、梅花村、车站村、石花山村、土门柑橘场）； 电子信息产业园（桥边镇的桥边村、李家湾村、白马溪村、韩家坝村、六里河村、黄家鹏村）； 白洋工业园（白洋镇、顾家店镇高殿寺村部分区域）	—	244.21
合计		814.69	1 009.38

二、规划年限

规划基准年：2017 年。

规划年限：2018—2030 年，近期到 2020 年，中期到 2025 年，远期到 2030 年。

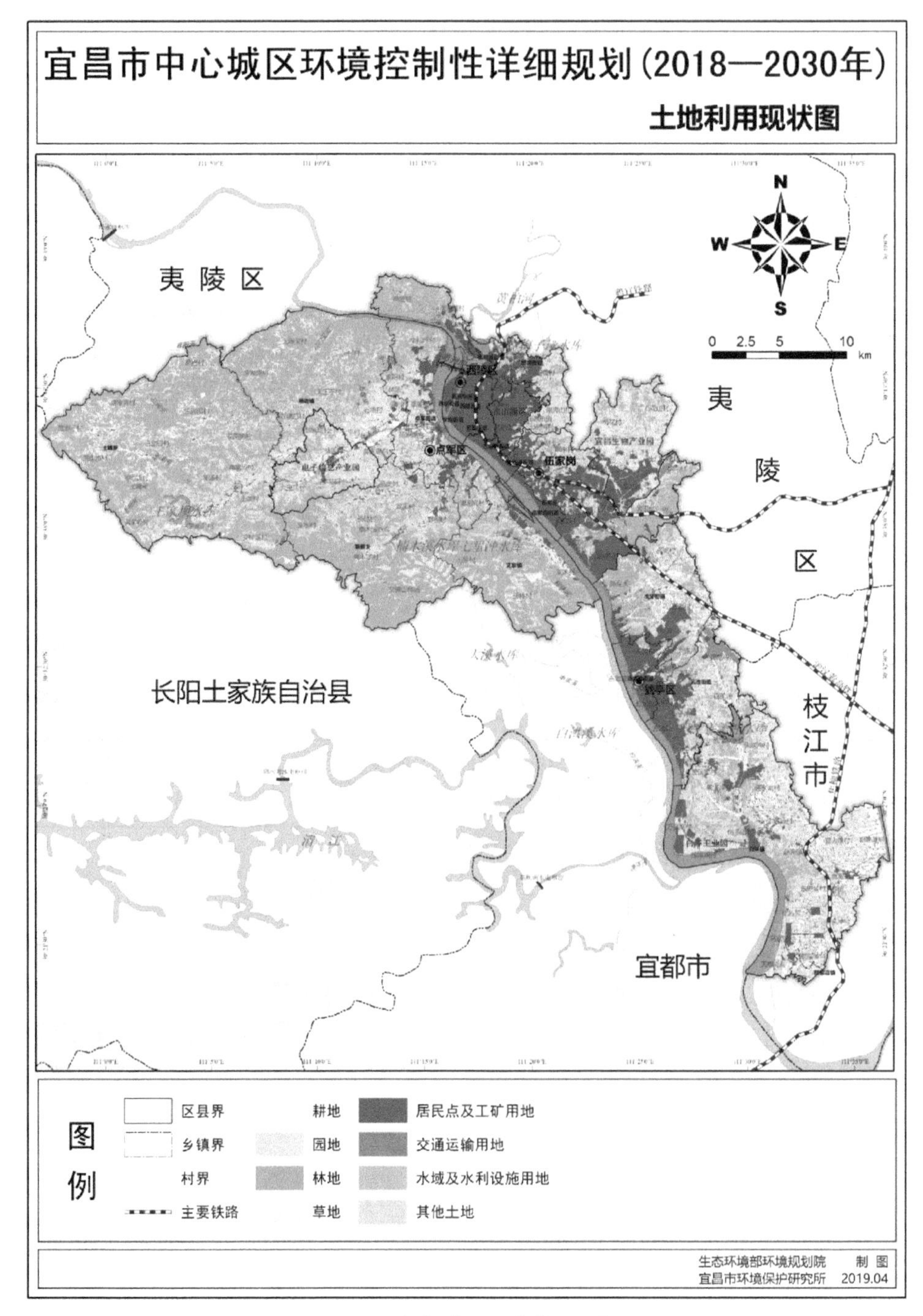

图 3-1　中心城区土地利用现状

图 3-2　工业园区及开发区分布

第五节　技术方法与规划编制重点

一、技术方法

以《环境总规》为基础，采取“上下结合，横向整合”的思路将国家、省、市各类自然保护地规划中确定的保护区域边界在 1∶10 000 底图上系统识别，横向整合将发改委、经信、自然资源和规划、生态环境、林业和园林、水利和湖泊、农业农村、应急管理等部门在生态环境、资源利用、环境风险管控领域的相关指标、范围和要求，充分比较，按照生态、水环境及大气环境分区管理的原则，并结合地方政府和相关单位意见，确定保护与开发的准确边界和具体措施。

以环境质量改善为核心目标，对山、水、林、田、湖（库）等实施系统保护，将重要的生态功能区域（自然保护区、重要风景名胜区、生态公益林、重要地质公园、集中式饮用水水源保护区、永久性保护绿地山体水体、重要的河流和水库、水源涵养功能重要区、土壤保持功能重要区、土壤侵蚀敏感区等）纳入生态功能控制线范围，禁止大规模城镇建设和土地开发活动，对生态环境造成严重破坏的开发建设活动要逐步退出，并实施生态修复。

按照技术指南要求，以水环境控制单元划分及水环境功能区划、地表水现状水质评价结果为依据，对水环境质量分区边界进行核定。结合自然保护地规划、城乡规划、环境空气敏感性及脆弱性评价结果，对大气环境质量分区边界进行核定。

二、规划编制重点

结合中心城区环境功能定位，开展环境战略分区；围绕中心城区生态功能分区管控、水环境质量分区管控、大气环境质量分区管控细化核定生态环境空间分区边界；编制中心城区资源利用上线，排查重点环境风险源，并制定针对性防控对策；结合重点区域自然生态特征、产业发展状况、环境功能定位、主要环境问题、生态环境空间管控对策等确定重点区域环境保护重点任务，制订中心城区城乡环境规划指引。

第四章　宜昌市中心城区区域概况

第一节　社会经济概况

一、中心城区概况

宜昌市中心城区位于宜昌市中心偏东南区域，南面、西面、北面三面环山，中部及东部为河谷平原，兼具“山、水、林、田、湖”生态格局。长江干流自西北向东南穿城而过，沿线汇入黄柏河、柏临河、桥边河、五龙河、运河、下牢溪、善溪冲等多条河流。宜昌市中心城区包括西陵区、伍家岗区、点军区、猇亭区、宜昌高新区、夷陵区小溪塔街道等，是宜昌市政治、经济、文化中心，社会经济发展水平较高，城市发展呈“沿江带状多组团”的综合协同发展格局。

宜昌市中心城区属亚热带大陆季风湿润气候区，四季分明，气候温和，雨量适中。春季气温变幅大，冷暖交替频繁；夏季气候日变化大，雨量适中，常有旱、涝、风、雹等灾害性天气；秋季受北方冷空气影响，冷暖再次交替，降温快，少雨多晴；冬季气温下降快，干燥少雨雪。年平均水量为992.1～1 404.1 mm，较长的降水过程一般发生在6—7月，雨热同季，全年积温较高，无霜期较长，年平均气温为13.1～18℃，西北部三峡河谷地区年平均气温高于其他地区。7月平均气温24.1～28.8℃，1月平均气温1.7～6.5℃。极端最高气温41.4℃，最低气温-15.6℃。其中三峡河谷由于高山对峙，下有流水，在600 m以下存在逆温层。年平均无霜期272.4 d，年日照总时数1 100～1 669 h。

宜昌市中心城区最高峰为土城西北部的白云山，海拔1 089 m。境内地质构造较为复杂。距今25亿年前的元古界到百万年前的新生界之间的各个地质时代的地层均有分布，且发育完整，出露齐全。世界著名的“李四光地质力学构造形迹”和最古老而原始的带壳动物化石，即发现于西陵峡境内，被称为“天然地质博物馆”。境内自然资源丰富，石灰石、白云石、黏土已规模开采，分布在土城的锗矿储藏量 2 000 余 t。另经探明，辖区还蕴藏煤、铀、页岩气等矿产。

宜昌市中心城区经济发展程度较高。西陵区、伍家岗区作为行政、商业、教育、交通、旅游和文化生活居住区，第三产业发达，第二产业以精细化工、医药电子、机械制造等高精端产业为主。猇亭区空港、江港和铁路交通便捷，大力发展第二产业，产业规模优势突出。点军区按照现代都市农业综合改革试点和宜昌市中心城区的“后花园”要求，大力发展现代都市农业，农业产业化水平不断提升，农业基础设施不断完善，农民收入不断增加。

2017 年，宜昌市转型发展迈出实质性步伐，产业经济稳中有升，全市实现生产总值 3 857.2 亿元，比上年增长 2.4%。宜昌市大力培育发展战略性新兴产业、推动特色优势产业转型升级成效明显获国务院办公厅通报表扬，出台了《关于化工产业专项整治及转型升级的意见》，强力推进化工产业转型，计划三年内关停并转搬 134 家化工企业，首批关停 25 家；编制《化工产业绿色发展规划》，修编《磷产业发展规划》等专项规划。湖北宜化集团有限责任公司、稻花香集团、宜昌兴发集团有限责任公司入选“2017 年中国企业 500 强”。宜昌高新区成为国家军民融合产业示范基地。

二、西陵区

西陵区位于长江西陵峡口，是宜昌市的政治、文化、商贸中心和旅游服务功能区，国土面积为 78.4 km^2，辖学院、云集、西陵、西坝、葛洲坝、夜明珠、窑湾 7 个街道以及湖北西陵经济技术开发区。2017 年常住人口（含东山开发区）54.28 万人，2017 年末总户数（含东山开发区）14.96 万户，户籍人口 40.86 万人。

该区地质结构属江汉平原沉降带宜昌单斜拗陷西缘，即居于新华夏系第二沉降带的次级构造——宜昌单斜上，主要为距今 1 亿年前白垩纪的河流、湖泊沉积而形成的红色层状地层。地层走向为北 20°至东 40°，向东南方向倾斜，倾角 4°～8°。

西陵区地处黄陵山与江汉平原接壤的丘陵山区，北与夷陵区接壤，南与伍家岗区相连，西与点军区隔江相望。东西（西坝—黑虎山）最大横距 10.02 km；南北（下桃坪——马路）最大纵距 14.62 km。区内水域十分广泛，长江经西北向东南呈“S”形流经本区；除长江外，流经本区的还有黄柏河（境内河段长 3.6 km）、下牢溪（境内河段长 3.5 km）、沙河、运河等。

2017 年，全区完成地区生产总值（不含电力生产和供电）355.02 亿元。三次产业结构比例发生一定变化，其中第一产业所占比重下降 0.01 个百分点，第二产业所占比重下降 0.94 个百分点，第三产业所占比重增长 0.95 个百分点。全年实现地方财政总收入 24.09 亿元，其中地方一般公共预算收入 16.15 亿元。全年实现农、林、牧、渔业总产值 6 511 万元，年末耕地总面积 52 hm^2。19 家规模以上工业企业实现总产值 26.45 亿元（不含电力生产和电力供应），规模以上工业企业实现利润总额 1.05 亿元；16 家企业纳入高新技术产业统计范围，高新技术产业增加值 83.92 亿元。

三、伍家岗区

伍家岗区位于宜昌市中心城区中部，长江左岸，辖区为长江岸边呈带状的滨水城市区，东与猇亭区相连，南与点军区隔江相望，西与西陵区毗邻，北与夷陵区接壤，国土面积 84.77 km^2，东西横距 14 km，南北纵距最宽约 9 km，最窄处约 1 km。伍家岗区辖大公桥、万寿桥、宝塔河、伍家岗四个街道办事处和伍家乡。2017 年常住人口 23.1 万人，城镇化率 100%，2017 年末总户数 70 267 户，2017 年末户籍总人口 179 386 人。

伍家岗区地处黄陵山地与江汉平原接壤的丘陵地带，处于山区型向平原型过渡地段，江面由狭窄而趋于开阔。境内地貌大致分为低山、丘陵、岗状平原三种类型。其中低山、丘陵约占 70%，一马路至伍家岗一带海拔 57～59 m；东北为低山丘陵分布，海拔在 100～200 m。

2017 年，伍家岗区地区生产总值 238.98 亿元，三次产业结构由上年的 0.25∶25.67∶74.08 调整为 0.22∶23.06∶76.72；全年规模以上工业产值 58 亿元，实现主营业务收入 68.81 亿元，利润总额 8.81 亿元，税金总额 2.54 亿元；农、牧、渔业实现总产值 8 439 万元，有效灌溉面积 65 hm^2。

四、点军区

点军区地处宜昌市中心城区长江以南，北接夷陵区的三斗坪镇，南连宜都市的红花套镇，西部及西南紧依长阳土家族自治县的高家堰镇，隔江与西陵区、伍家岗区相望，国土总面积 533 km^2。2017 年常住人口 10.5 万人，户籍总人口 10.49 万人。

点军区境内水陆交通便利，南北两岸桥坝相接，东西往来省道贯通，是宜昌市拓展城市骨架最有潜力的区域之一。点军区境内地势西部高、东部低，最高点为土城乡西北部白云山，海拔 1 089 m；最低点为艾家镇艾家村五组，海拔 43.8 m，海拔高低落差 1 045.2 m。

2017 年，点军区完成地区生产总值 51.7 亿元，三次产业结构由上年的 15.3∶50.6∶34.1 变化为 14.9∶50.0∶35.1。13 家规模以上工业企业总产值 44.61 亿元，规模以上工业主营业务收入 23.06 亿元。农、林、牧、渔业总产值 12.96 亿元，农业生产保持稳定。全区生猪出栏 96 500 头，家禽出笼 243 227 万只，新发展农民专业合作社 48 家。

五、猇亭区

猇亭区位于宜昌市中心城区东部，下辖古老背、云池、虎牙 3 个街道办事处，居委会 23 个、村委会 3 个，面积 118.52 km^2，2017 年常住人口 6.1 万人。

猇亭区是城区重要的工业聚集区，主导产业包括：精细化工、新能源、汽车、装备制造、机械电子、港口物流等。猇亭区围绕“建设兴业宜居的生态工业新城”这一总体目标，确定了宜昌产业发展核心区、综合交通枢纽区、开放开发先行区、创新发展实验区、大城建设拓展区五个特色定位。

2017 年全区实现地区生产总值 228.46 亿元，三次产业比重为 1.2∶92.1∶6.7；全区总播种面积 22 194 亩[①]，粮食种植面积达 7 650 亩，农业总产值达到 46 377 t（可比价），全区有效灌溉农田面积 6 972 亩。

六、宜昌高新区

宜昌高新区是国家级产业转移重点承接地、国家级循环经济试点园区，1988 年为省级经济开发区，2011 年升为国家级高新区，2017 年升为宜昌自贸区。宜昌高新区下辖四大工业园：东山经济技术开发区（以下简称东山园区）、宜昌生物产业园区、电子信息产业园区和白洋工业园。

宜昌高新区作为城区产业发展平台，主导产业包括装备制造、生物医药、化工、电子信息、新材料新能源、高端装备等。高新区在宜昌市工业经济增幅比重中占到 50%。

2017 年宜昌高新区全年规模以上工业总产值完成 115.23 亿元，全社会固定资产投资完成 153.11 亿元，社会消费品零售总额完成 112.54 亿元，一般公共预算收入完成 17.63 亿元，外贸出口额完成 20 100 万美元；在全国 147 家高新区中排名上升 5 位，升至第 63 位；在中部 31 家高新区排名上升 2 位，升至第 11 位；在长江沿线 20 家高新区排名上升 1 位，升至第 10 位。电子信息、生物医药及食品饮料总产值同比增长 9.3%（其中电子信息产业总产值同比增长 29.6%），贡献总产值的近六成。高新技术产业增加值同比增幅达 20%，高新技术产业增加值占 GDP 比重比上年提高 1.5 个百分点，达 45%。

① 1 亩≈666.67 m^2。

第二节　生态环境状况

一、生态环境质量现状

（一）水环境质量状况

集中式饮用水水源地水质较好。宜昌市中心城区共有四个县级及以上集中式饮用水水源地——善溪冲水库水源地、葛洲坝四公司供水公司西坝水厂水源地、楠木溪水库水源地、窑湾水厂备用水源地。四个主要的集中式饮用水水源地 2017 年水环境质量均达到Ⅲ类，水质达标率均为 100%。

长江干流水质较好且有改善趋势，支流水质总体较差。宜昌市中心城区区域内共有主要河流 8 条，设有常规监测断面 12 个。具体水体名称与监测断面见表 4-1。

表 4-1　宜昌市中心城区水体与环境监测断面

序号	水体名称	断面名称	被考核区域	断面性质	水质目标
1	长江	南津关	宜昌市	国考	Ⅲ类
2		白洋（云池）左岸	猇亭区	市控跨界	Ⅲ类
3		白洋（云池）	宜昌市	国考	Ⅲ类
4	柏临河	灵宝村	宜昌高新区	市控跨界	Ⅳ类
5		猫子咀	伍家区	市控跨界	Ⅳ类
6	运河	石板村	夷陵区	市控跨界	Ⅱ类
7		万寿桥	伍家区	市控跨界	Ⅳ类
8	桥边河	红旗村	点军区	市控跨界	Ⅳ类
9	五龙河	红光二桥	点军区	市控跨界	Ⅳ类
10	沙河	沙河村	西陵区	市控跨界	Ⅴ类
11	下牢溪	姜家庙（三界水文站）	夷陵区	市控跨界	Ⅲ类
12	善溪冲	福善场村委会	猇亭区	市控跨界	Ⅲ类

黄柏河流域流入宜昌市中心城区前的断面为黄柏河大桥断面，水质目标为Ⅲ类，2017 年水质达到Ⅲ类目标。

1. 长江干流水环境质量总体呈改善趋势

长江干流（中心城区段）自上至下分布有3个断面：南津关、白洋（云池）左岸和白洋（云池）。2014—2017年监测数据显示，长江干流水质较好且总体呈改善趋势，上游南津关断面（入宜昌中心城区）达到目标要求，出界断面白洋（云池）水质逐步好转，由于承接宜昌市中心城区污水，白洋（云池）断面水质相比南津关有所下降。白洋（云池）左岸断面未稳定达标，猇亭区及上游生产、生活废水是其主要污染来源，具体水质情况见表4-2。

表4-2 宜昌市中心城区长江干流水质情况

年份	南津关	白洋（云池）左岸	白洋（云池）
2014	Ⅲ类	—	Ⅱ～Ⅲ类，少数时段TP超标
2015	Ⅲ类	—	Ⅱ～Ⅲ类，个别时段石油类超标
2016	Ⅱ类	Ⅳ类（TP超标）	Ⅲ类
2017	Ⅱ类	Ⅲ类，部分时段TP超标	Ⅲ类

2. 柏临河水环境质量未达Ⅳ类

柏临河（中心城区段）自上至下分布有2个断面：灵宝村、猫子咀。2014—2017年监测数据显示，柏临河水质总体较差，4年间水质大致呈改善趋势，上游灵宝村水质呈一定改善趋势，2017年水质达到目标要求，下游猫子咀水体呈略微改善趋势，但2017年水质仍未达到目标要求。污染主要来自宜昌高新区、伍家岗区的生产生活废水排放，具体水质情况见表4-3。

表4-3 宜昌市中心城区柏临河水质情况

年份	灵宝村	猫子咀
2014	劣Ⅴ类，主要超标因子COD、NH_3-N、TP	劣Ⅴ类，主要超标因子NH_3-N、TP
2015	Ⅴ类，主要超标因子TP	劣Ⅴ类，主要超标因子COD、NH_3-N、TP
2016	劣Ⅴ类，主要超标因子COD、NH_3-N、TP	劣Ⅴ类，主要超标因子COD、NH_3-N、TP
2017	Ⅳ类	Ⅴ类，主要超标因子NH_3-N、TP

3. 运河水环境质量下游明显差于上游

运河（中心城区段）自上至下分布有2个断面：石板村、万寿桥。2014—2017年监测数据显示，运河水质上游水质较好，由于承接宜昌高新区、伍家岗区等城区污水，万寿桥断面水质严重恶化，具体水质情况见表4-4。

表4-4 宜昌市中心城区运河水质情况

年份	石板村	万寿桥
2014	Ⅲ类，主要超标因子TP	Ⅴ类，主要超标因子TP、NH_3-N
2015	Ⅱ类	Ⅴ类，主要超标因子COD、NH_3-N、TP
2016	Ⅱ类	劣Ⅴ类，主要超标因子NH_3-N、TP
2017	Ⅱ类	Ⅴ类，主要超标因子NH_3-N、TP

4. 桥边河水环境质量达标但有下降趋势

桥边河分布1个断面：红旗村。2014—2017年监测数据显示，桥边河水环境质量虽然达到目标要求，但水质呈震荡下降趋势（Ⅱ类到Ⅲ类之间），桥边河水质恶化的趋势应引起重视。

5. 五龙河水环境质量为劣Ⅴ类

五龙河分布1个断面：红光二桥。2014—2017年监测数据显示，五龙河水环境质量较差，为劣Ⅴ类，污染源主要是联棚乡、点军街道的农业面源污染。

6. 沙河水环境质量为劣Ⅴ类

沙河分布1个断面：沙河村。2014—2017年监测数据显示，沙河水环境质量较差，均为劣Ⅴ类，主要原因为流域内生活污水、农业面源污染及河流水体更换较差。

7. 下牢溪水环境质量优良

下牢溪（中心城区段）分布1个断面：姜家庙。2014—2017年监测数据显示，下牢溪水环境质量优良，达到Ⅱ类以上。

8. 善溪冲出境断面水环境质量尚可

善溪冲流入枝江市，中心城区分布1个断面：福善场村委会。2016—2017年监测数据显示，善溪冲上游来水水质尚可（Ⅲ类），个别时段水质恶化严重，主要超标因子为NH_3-N、TP。

中心城区废水排放总量约为8 287.59万t/a，其中生活污水排放量约为7 024.72万t/a，占废水排放总量的84.76%。其中，西陵区、伍家岗区废水排放量较大，分别占规划范围废水排放总量的41.17%、24.68%。就各区废水排放结构来看，西陵区、伍家岗区、点军区和宜昌高新区主要以生活源排放为主，其中西陵区、伍家岗区的生活污水排放量占本区废水排放的比例分别达到99.14%、88.00%；猇亭区以工业源排放为主，其排放占比达到56.24%。点军区联棚、土城和桥边等乡镇畜禽养殖废水直排，对联棚河、桥边河等河流造成较大污染。中心城区废水排放量情况统计见表4-5。

表4-5 中心城区2017年废水排放量情况统计

行政区	废水排放总量/万t	工业源废水排放量/万t	生活源废水排放量/万t	集中式废水排放量/万t
西陵区	3 412.13	23.81	3 382.92	5.4
伍家岗区	2 045.04	245.35	1 799.59	0.098
点军区	691.68	124.29	567.4	0
猇亭区	981.17	551.77	429.2	0.206
宜昌高新区	1 157.57	311.94	845.62	0
合计	8 287.59	1 257.16	7 024.72	5.705

注：农业源因缺少废水排放量相关数据，故未统计。

宜昌市中心城区COD、NH_3-N和TP排放以生活源为主，分别占总排放量的95.85%、97.83%、99.40%。从污染物排放结构来看，各行政区COD、NH_3-N和TP排放主要来自生活源。西陵区、宜昌高新区的COD排放量较大，占比分别达到47.72%、17.99%；西陵区、伍家岗区、宜昌高新区的NH_3-N排放量较大，占比分别达到46.72%、17.18%、16.46%；西陵区、伍家岗区的TP排放量较大，占比分别达到46.23%、23.19%。中心城区水污染物排放情况统计见表4-6。

表4-6 中心城区2017年水污染物排放情况统计

行政区	COD/（t/a）			NH_3-N/（t/a）			TP/（t/a）		
	工业源排放	生活源排放	合计	工业源排放	生活源排放	合计	工业源排放	生活源排放	合计
西陵区	15.59	6 008.03	6 023.61	0.31	788.05	788.36	0.066 7	80.58	80.65
伍家岗区	53.96	1 518.63	1 572.6	5.66	284.27	289.92	0.250 2	40.21	40.46
点军区	59.64	1 544.56	1 604.19	4.67	189.94	194.61	0.445 2	15.49	15.94
猇亭区	207.8	943.76	1 151.56	11.682	125.08	136.76	0.119 7	12.48	12.6

续表

行政区	COD/（t/a）			NH_3-N/（t/a）			TP/（t/a）		
	工业源排放	生活源排放	合计	工业源排放	生活源排放	合计	工业源排放	生活源排放	合计
宜昌高新区	186.46	2 084.67	2 271.13	14.28	263.47	277.76	0.171 9	24.65	24.82
合计	523.45	12 099.64	12 623.09	36.6	1 650.81	1 687.41	1.053 7	173.42	174.47

（二）大气环境质量状况

2017 年，宜昌市城区 PM_{10}、$PM_{2.5}$ 年均浓度分别为 88 μg/m³、58 μg/m³，PM_{10} 年均浓度较 2013 年下降 19.3%。环境空气质量优良天数为 258 d，优良率为 70.7%，比 2014 年增加 82 d（增长 46.6%），重度及以上污染天数较 2014 年下降 72%。SO_2、NO_x、CO、PM_{10}、$PM_{2.5}$ 浓度呈下降趋势，臭氧浓度呈轻微上升趋势，臭氧月均浓度在春末和夏季较高。

全年 107 个污染日中，首要污染物为细颗粒物（$PM_{2.5}$）的有 94 d，占 87.8%；首要污染物为臭氧（O_3）的有 11 d，占 10.3%；首要污染物为可吸入颗粒物（PM_{10}）的有 2 d，占 1.9%。

（三）生态环境质量状况

生态环境状况总体为良。2016 年，中心城区生态环境状况总体为良，生态环境状况指数平均值为 63.34，各区生态环境状况指数在 54.95～78.45，点军区生态环境状况等级为优，其余为良。2017 年，规划范围林地面积为 57 685.66 hm²，占国土面积的 57.15%；森林面积为 49 316.23 hm²，森林覆盖率为 48.86%。

二、生态环境问题

大气污染排放处于高位运行，颗粒物严重超二级标准。初步测算 2017 年中心城区一次 $PM_{2.5}$、PM_{10}、NO_x、SO_2 排放量分别为 1 116 t/a、1 743 t/a、1 922 t/a、3 550 t/a，$PM_{2.5}$ 和 PM_{10} 分别超载 2.8 倍、1.4 倍。2017 年，城区环境空气优良天数 258 d，优良率 70.7%。$PM_{2.5}$ 和 PM_{10} 年均浓度分别为 58 μg/m³、88 μg/m³，分别超标 66%和 26%。

地表水环境质量干流水质较好，有改善趋势，支流水质较差，除下牢溪外都未达到功能区划标准。中心城区经调查共有黑臭水体 12 段，分布在 8 条河流上，总长度 93.9 km（见表 4-7）。

表 4-7 宜昌市中心城区黑臭水体情况

编号	水体名称	重点治理范围	长度/km	所在区域	黑臭级别（2016年）	规划目标	水质监测类别（2018年5月）	
							水质类别	监测断面
1	运河	梅子垭水库—发展大道居然之家	2.2	西陵区	轻度	Ⅱ类	Ⅱ类	石板村断面
2		发展大道居然之家—运河公园旁铁路桥	8	宜昌高新区		Ⅳ类	Ⅱ类	铁路桥断面
3		运河公园旁铁路桥—入江口	1.6	伍家岗区		Ⅳ类	Ⅱ类	万寿桥断面
4	沙河	沙河村—夜明珠中桥	6	西陵区	重度	Ⅴ类	劣Ⅴ类	入河口断面
5	云池河	金岭居委会—云池码头	5.5	猇亭区	重度	Ⅲ类	Ⅱ类	入河口断面
6	牌坊河	合益路（夷陵中学新址附近）—柏临河	9.2	宜昌高新区	重度	Ⅲ类	劣Ⅴ类	入河口断面
7	柏临河	土门大桥—鸦官铁路	6.4	宜昌高新区	轻度	Ⅳ类	Ⅲ类	灵宝村断面
8		鸦官铁路—临江溪大桥	6.6	伍家岗区		Ⅳ类	Ⅳ类	猫子咀断面
9	紫阳河	陈家湾—长江入口	9.2	点军区	轻度	Ⅴ类	Ⅱ类	入河口断面
10	卷桥河	韩家坝村—江南三路（规划）	7.5	宜昌高新区	轻度	Ⅳ类	Ⅰ类	江南三路断面
11		江南三路（规划）—长江	13	点军区		Ⅳ类	Ⅱ类	红旗桥断面
12	联棚河	联棚乡楠木溪村—长江	18.7	点军区	重度	Ⅳ类	Ⅰ类	富江南鸡场断面

生态空间保护格局基本形成，但快速城镇化及建设用地需求与生态空间维护存在冲突。规划范围内已建成自然保护区（小区）9个，其中省级自然保护区1个，省级自然保护小区8个，总面积70.59 km^2，占中心城区总面积的8.66%。同时拥有省级及以上生态公益林面积96.22 km^2，先后四批次确定57个市级永久性保护绿地山体水体，总面积约25 km^2，基本形成了城乡一体、结构合理、功能完善的生态空间保护格局。但同时，根据2000—2010年全国十年遥感调查评估和2015年国土调查更新数据，全市城镇空间平均以每年约0.86%的速度扩张，生态空间和农业空间平均以每年约0.03%和0.07%的速度缩减。其中，中心城区近15年城镇空间增长速度高于全市平均速度，2000年、2005年、2010年中心城区城镇空间面积分别约为82 km^2、85 km^2、114 km^2，2017年中心城区规划范围建成区为135.1 km^2。

第三节　生态环境形势分析

快速城镇化将进一步增大生态空间保护的压力。根据《宜昌市土地利用总体规划（2006—2020 年）》（调整完善）等相关规划，中心城区扩展边界内的各类土地总面积约 296.3 km^2，城市建设用地规模为 94.64 km^2。按照宜昌市城市总体规划“中心城区+长江城镇聚合带”的市域空间结构发展模式，城市建设聚集趋势可能增加点军区、伍家岗区、宜昌高新区内生态公益林、水源涵养功能重要区等生态区域的保护压力。

水环境压力逐步增大。若不采取强有力的污染物总量减排措施，到 2020 年，中心城区 COD、NH_3-N、TP 排放量预计分别增长 7.1%、7.3%、7.5%。其中，NH_3-N、TP 排放量将进一步超出本地区水环境容量，COD 排放量将接近区域水环境容量。若不加快提高城乡污水收集处理率和大幅削减农业面源治理污染，中心城区水污染物排放将给水环境改善带来很大压力。

环境空气质量改善进入瓶颈期。2017 年，宜昌市城区 PM_{10} 与优良天数比例改善幅度较大，$PM_{2.5}$ 改善幅度最小。O_3 污染日益凸显，O_3 浓度连续四年不降反升，特别是夏季对优良天数比例带来不利影响。中心城区环境空气首要污染物为 $PM_{2.5}$，$PM_{2.5}$ 全年贡献率：机动车与船舶尾气源≥燃煤源≥工业工艺源≥扬尘源≥二次无机源≥其他源≥生物质燃烧源，机动车和船舶排放的大气污染物是 $PM_{2.5}$ 的主要来源之一，全年对 $PM_{2.5}$ 的贡献超过 25%，贡献率呈上升趋势。

第五章　环境功能定位、战略分区与规划目标

第一节　环境功能定位

一、全国生态功能区划对宜昌市的定位

在《全国生态功能区划（2015 年修编）》中，宜昌市总体属于全国重要生态功能区中武陵山区生物多样性保护与水源涵养重要区之鄂西南生物多样性保护功能区及三峡库区土壤保持重要区。

二、湖北省主体功能区规划对宜昌市中心城区的定位

西陵区、伍家岗区、点军区、猇亭区、宜昌高新区等隶属宜荆荆地区，属于省级层面重点开发区域。该区域处于长江和沪汉渝高速公路复合发展一级轴线上，是湖北省区域经济空间发展格局中的重要城市群，是鄂西南地区和江汉平原的重要增长极。该区域需严格保护生态环境，加强水源和森林资源保护，搞好长江沿线生态防护林建设。

三、《环境总规》对宜昌市及中心城区的定位

宜昌市环境功能定位为“四区一库”，即国家生态文明建设示范区、国家重要的水源涵养区、长江水环境调节区、鄂西生态屏障区、国家重要珍稀濒危物种资源库。中心城区隶属宜昌市中部城镇环境维护区，该区域是宜昌市人口、城镇和产业聚集区，要坚持在发展中保护，加强对东部产业集聚区发展调控，引导工业园区合理布局、集约发展，限制大规模废气排放项目建设，强化大气污染防治；大力抓好长江及其主要支流水环境治理与生态修复，加强长江湖北宜昌中华鲟自然保护区的保护，防范沿江产业带环境风险。

结合本地在国家、省、市层面的环境功能定位、区域自然生态资源禀赋以及经济社会环境状况，确定了宜昌市中心城区环境功能定位为：长江中游水环境调节与水源涵养重要区、以长江湖北宜昌中华鲟自然保护区为核心的生物多样性维护区、国家生态文明建设先行示范区。

第二节　中心城区环境战略分区

中心城区分为西部及南部自然生态功能（水源涵养、水环境调节、水土保持、生物多样性维护）保育区、东部工业产业聚集区和中部人居生活环境维护区三个环境战略分区（见表 5-1、图 5-1）。按照生态、生产和生活三大空间实施差别化发展与保护。

一、西部及南部自然生态功能保育区

主要包括：点军区西部及南部（土城乡、联棚乡、桥边镇、艾家镇、点军街道）、西陵区北部（葛洲坝街道、夜明珠街道）、伍家岗区东南部（灵宝村、前坪村）、猇亭区东部及北部（虎牙街道、福善场村）、长江干流等生态功能重要区，总面积 452.61 km^2。

该区按禁止或限制开发区域要求进行管理，加强自然保护区、森林公园、生态公益林、风景名胜区、集中式饮用水水源保护区、永久性保护绿地、山体及水体等自然保护地的保护，增强长江干流及沿江自然生态系统的水源涵养、水土保持、生物多样性维护功能和长江葛洲坝库区水环境调节功能，促进生态系统的稳定和良性循环；加强水土流失治理和地质灾害防治；改善农村能源结构，严格控制农业面源污染；禁止毁林开荒，开展封山育林，大力提升森林质量，增强林地和森林的水源涵养及水土保持功能；加强土壤侵蚀严重区、石漠化区、历史遗留矿山、受污染土壤及水环境的生态修复与保护；适度发展旅游和康养产业，从严控制土地开发面积和强度。

二、东部工业产业聚集区

主要包括：宜昌高新区宜昌生物产业园、电子信息产业园、白洋工业园，宜昌经济开发区猇亭园区，三峡临空经济区（猇亭部分），湖北伍家岗工业园（含花艳片区、拓展片区），总面积 260.21 km^2。

表 5-1　宜昌市中心城区环境战略分区

环境战略分区	环境功能定位	范围	面积/km^2	比例/%	环境战略指引
西部及南部自然生态功能保育区	水源涵养、水环境调节、水土保持、生物多样性维护	点军区西部及南部（土城乡、联棚乡、桥边镇、艾家镇、点军街道）、西陵区北部（葛洲坝街道、夜明珠街道）、伍家岗区东南部（灵宝村、前坪村）、猇亭区东部及北部（虎牙街道、福善场村）、长江干流等生态功能重要区	452.61	44.84	按禁止或限制开发区域要求进行管理，加强自然保护地的保护，增强长江干流及沿江自然生态系统环境功能，促进生态系统良性循环；加强水土流失治理和地质灾害防治；改善农村能源结构，严格控制农业面源污染；增强林地和森林的水源涵养及水土保持功能；加强土壤侵蚀严重区、石漠化区、历史遗留矿山、受污染土壤及水环境的生态修复与保护；适度发展旅游和康养产业，从严控制土地开发面积和强度
东部工业产业聚集区	工业产业绿色高质量发展集聚区、国家循环生态经济示范基地	宜昌高新区宜昌生物产业园、电子信息产业园、白洋工业园，宜昌经济开发区猇亭园区，三峡临空经济区（猇亭部分），湖北伍家岗工业园（含花艳片区、拓展片区）	260.21	25.78	全面实施产业转型升级及绿色发展，建立低碳生态产业链；强化园区环境准入、资源再生利用能力建设、环保产业建设，推进产业生态化水平；改善工业用能结构，大力推行清洁能源；强化资源环境承载力的硬约束，优化产业布局、行业类别及规模；严格控制在源头敏感区、布局脆弱区布局废气排放量大的企业，严控污染物排放总量；完善环保基础设施建设，实施全过程环境监管，强化环境风险应急体系建设；全面落实长江大保护工作部署，维护好长江干流生态廊道的自然环境功能
中部人居生活环境维护区	绿色低碳、宜居宜业、宜旅的人居环境维护功能	点军区东部及中南部（联棚乡、桥边镇、艾家镇、点军街道）、西陵区中南部（西陵街道、学院街道、云集街道、窑湾街道、葛洲坝街道、夜明珠街道、西坝街道）、伍家岗区、猇亭区、宜昌高新区东山园区（东苑街道、南苑街道、北苑街道）	296.56	29.38	全面加强生活污染源及农业面源的治理，实现市政及环保基础设施全覆盖，污染型企业逐步退城进园，建设自然、和谐、宜居、美丽的生态城市；加大对机动车船废气、扬尘等大气污染源的治理力度，实施黑臭水体专项整治及污染土壤综合整治，加大对自然生态系统的保护和修复，严格生态功能控制区、水及大气环境质量红线区的管控；严控城市边界拓展，对土地资源实行集约和高效开发，完善城市功能，普及清洁能源，倡导绿色低碳循环的生活方式；优先发展生态农业、综合服务业、绿色旅游业、绿色建筑业，配套发展科技含量高、资源能源消耗低、无污染的绿色生态工业

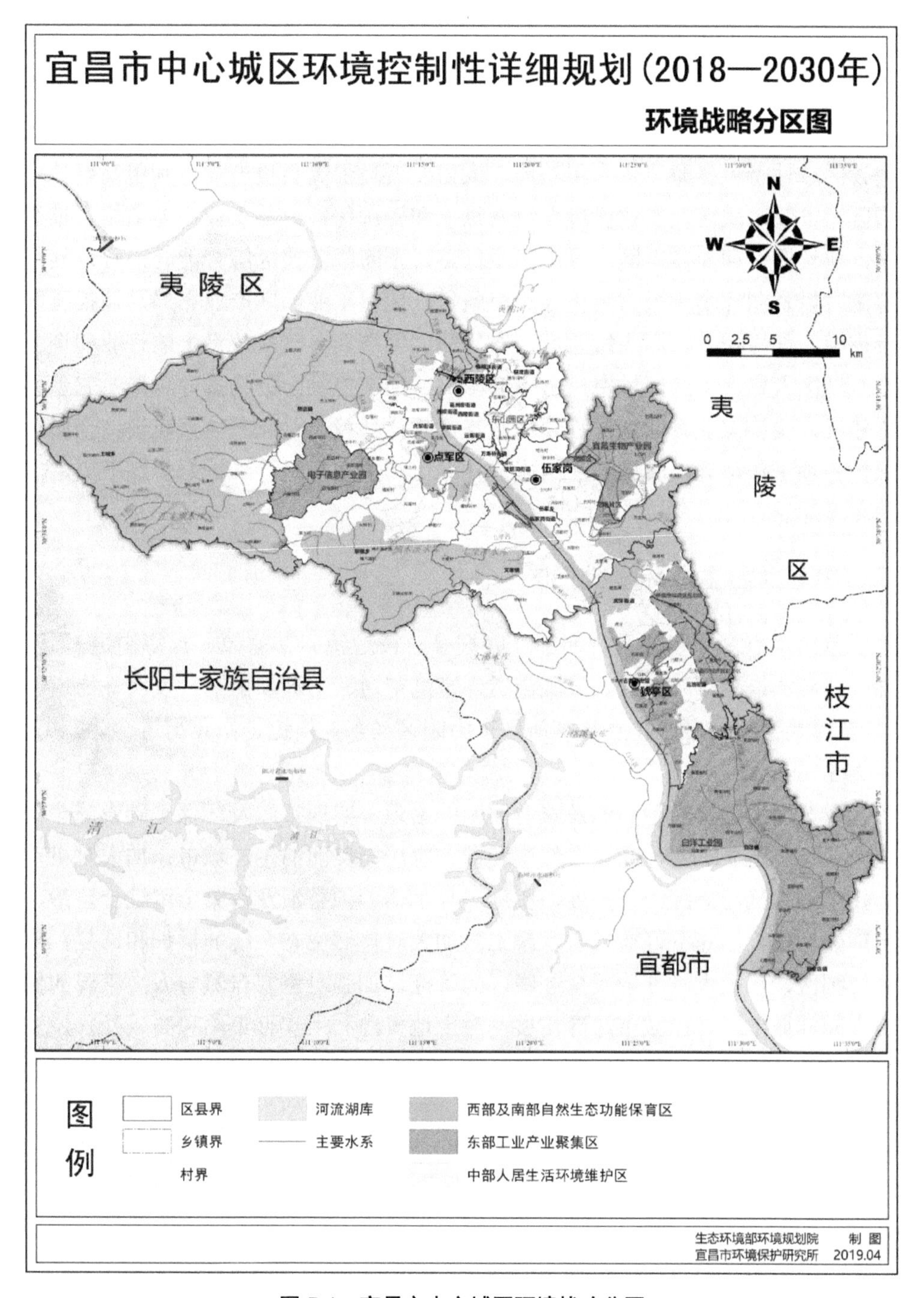

图 5-1　宜昌市中心城区环境战略分区

该区全面实施产业转型升级及绿色发展，开展生态化改造，建立企业间、产业间相互衔接、相互耦合、相互共生的低碳生态产业链；以生态工业园区建设标准引导园区发展，将经济发展指标、物质减量与循环指标、污染控制指标作为入园企业准入的重要标准；建设区域性特色资源再生利用基地，大力发展环保高科技产业，利用高新技术实现工业园区污染物、城区及农业区废弃物减量化和资源化；改善工业用能结构，推行分布式能源，建设园区智能微电网，推广集中供热，不断降低园区综合能耗；合理利用区域环境容量，以资源环境承载力为先导约束条件，优化工业园区产业布局，调控园区产业类型及规模；严格控制在源头敏感区、布局脆弱区布局废气排放量大的行业和企业，降低对中心城区人口密集区环境空气质量的影响，严格控制污染物排放总量；完善环保基础设施建设，实施工业企业全过程环境监管，强化环境风险应急体系建设；全面落实长江大保护各项工作部署，实施长江两岸造林绿化和生态复绿，维护好长江干流生态廊道的自然环境功能。

三、中部人居生活环境维护区

主要包括：点军区东部及中南部（联棚乡、桥边镇、艾家镇、点军街道）、西陵区中南部（西陵街道、学院街道、云集街道、窑湾街道、葛洲坝街道、夜明珠街道、西坝街道）、伍家岗区、猇亭区、宜昌高新区东山园区（东苑街道、南苑街道、北苑街道），总面积 296.56 km^2。

该区应全面加强生活污染源及农业面源的治理，实现市政及环保基础设施全覆盖，污染型企业逐步退城进园，建设自然、和谐、宜居、美丽的生态城市；加大对机动车船废气、扬尘等大气污染源治理力度，实施黑臭水体专项整治及污染土壤综合整治，加强环境治理能力建设，守卫好蓝天碧水净土；加大对自然生态系统的保护和修复，严格生态功能控制区、水及大气环境质量红线区的管控，加强对重要自然与人文景观的保护，构建山水园林城市；严控城市边界拓展，对土地资源利用实行集约和高效开发，完善城市功能，普及清洁能源，倡导绿色低碳循环的生活方式，不断改善中心城区人居环境质量。优先发展生态农业、综合服务业、绿色旅游业、绿色建筑业，配套发展科技含量高、资源能源消耗低、无污染的绿色生态工业。

第三节　规划目标指标

一、规划目标

（一）总体目标

在建设长江经济带区域性中心城市的进程中，大力实施生态文明建设战略，将宜昌市中心城区建设成为生态格局、安全格局稳固，自然资源利用集约高效，环境质量优良，环境公共服务设施健全，绿色低碳，宜居宜业宜旅，具有较强竞争力和影响力，人与自然和谐共生的高质量社会主义现代化城市。

（二）分阶段目标

到 2020 年，资源环境生态红线全面落实，产业结构与布局逐步优化，经济社会发展与生态环境保护相协调的空间格局基本形成，主要污染物排放量显著下降，资源能源消耗水平大幅降低，环境基本公共服务水平得到提高，环境质量明显改善，人与自然和谐发展的总体格局基本形成，满足全面建成小康社会的环境要求。

到 2025 年，资源环境生态红线对国土空间开发布局的优化作用全面加强，绿色、生态、循环的产业体系基本建立，区域主要污染物排放量降至环境承载力以下，绿色清洁能源普及率显著提高，资源能源集约利用水平位居国内前列，环境基本公共服务体系逐渐完备，环境质量持续提升，人与自然和谐发展的格局全面形成。

到 2030 年，资源环境生态保护红线制度贯彻执行绩效显著，生态系统健康稳定，重点生态功能区域实现全面保护；城镇环境质量清洁健康，长江（宜昌段）地表水、环境空气、土壤及生态环境质量实现根本好转；自然资源利用集约高效，产业结构和布局科学合理，生产生活方式绿色低碳循环；环境公共服务设施健全，城市建设、经济发展与生态环境保护友好协调，建成人与自然和谐共生的国家生态文明建设示范区。

二、规划指标

《环境控规》建立了覆盖生态格局、自然资源利用水平、环境质量和环境公共服务四大领域共 26 项指标的绿色指标体系（见表 5-2），包括 16 项约束性指标、10 项预期性指标。

表 5-2　中心城区环境控制性详细规划目标指标一览

领域	序号	规划指标	2017 年	2020 年	2025 年	2030 年	指标属性
一、安全稳固的生态格局	1	生态保护红线区面积比例/%①	完成划定	保持稳定	保持稳定	保持稳定	约束性
	2	生态功能控制区面积比例/%	44.85	≥44.85	≥44.85	≥44.85	约束性
	3	水环境质量红线区面积比例/%	9.43	≥9.43	≥9.43	≥9.43	约束性
	4	大气环境质量红线区面积比例/%	62.18	≥62.18	≥62.18	≥62.18	约束性
	5	森林覆盖率/%	48.86	保持稳定	保持稳定	保持稳定	预期性
二、集约高效的自然资源利用水平	6	能源利用总量/（万 tce/a）	860.4	≤829.6	≤1 002	≤1 250	预期性
	7	燃煤消费总量/（万 tce/a）	234.8	≤194.63	≤183.1	≤180.6	预期性
	8	单位地区生产总值能耗/（tce/万元）	1.16	≤0.7	≤0.6	≤0.55	约束性
	9	用水总量/（亿 m^3/a）②	3.66	≤4.31	≤4.391	≤4.472	约束性
	10	万元 GDP 用水量/（m^3/万元）③	40.5	≤32.58	≤26.1	≤22.2	预期性
	11	万元工业增加值用水量/（m^3/万元）③	29.6	≤23.8	≤19.1	≤16.2	预期性
	12	农业灌溉水有效利用系数/%	点军：54 猇亭：55.4	点军≥54.6 猇亭≥55.7	点军≥55.6 猇亭≥56.8	点军≥56.8 猇亭≥57.9	约束性
	13	建设用地总规模/$km^2$②	135.1	≤178	≤200	≤220	预期性
	14	水环境承载率④	见表 7-16	超载指标超载程度下降 50%	各区各项指标承载率≤0.9	各区各项指标承载率≤0.85	约束性
	15	环境空气承载率⑤	见表 8-7	超载指标超载程度下降 60%	各项指标承载率≤0.95	各项指标承载率≤0.9	约束性

续表

领域	序号	规划指标		2017 年	2020 年	2025 年	2030 年	指标属性
三、优良的水和环境空气质量	16	环境空气	环境空气质量优良天数比例/%	70.7	≥80	≥83	≥88	约束性
			$PM_{2.5}$ 年均浓度/（μg/m³）	58	≤53	≤44	≤35	
			PM_{10} 年均浓度/（μg/m³）	88	≤70	≤62	≤55	预期性
	17	水环境	乡镇级及以上集中式饮用水水质达标率/%	—	≥98	100	100	约束性
			地表水环境断面[⑥]达到水环境功能区划标准的比例/%	58.3	≥90	≥95	100	
			劣Ⅴ类水体比例/%	6.25	≤5（基本消除）	≤2	0（完全消除）	
	18	生态环境状况指数（EI）		63.34（2016 年值）	上升	上升	上升	预期性
四、公平共享的环境公共服务	19	城镇污水集中处理率/%		91（2014 年值）	93	98	100	约束性
	20	城镇生活垃圾无害化处理率/%		100	100	100	100	约束性
	21	集中式饮用水水源地在线监测覆盖范围		县级及以上	重点乡镇、街道	乡镇、街道	重点村	预期性
	22	环境空气监测体系覆盖范围		中心城区人口密集区	人口密集区、工业园区	重点乡镇、街道	乡镇、街道	预期性

注：①以《湖北省生态保护红线划定方案》发布的数据为依据；
②西陵、伍家岗、点军、猇亭四个行政区；
③西陵、伍家岗、点军、猇亭四个行政区的平均值；
④水环境承载率共三项指标：COD、NH_3-N、TP；
⑤环境空气承载率共四项指标：SO_2、NO_x、PM_{10}、$PM_{2.5}$；
⑥县级及以上水质监测断面。

目标一：形成安全稳固的生态格局。到 2030 年，中心城区生态保护红线面积保持稳定，生态功能控制区面积不低于 44.85%，水环境质量红线区面积不低于 9.43%，大气环境质量红线区面积不低于 62.18%，森林覆盖率保持稳定。

目标二：自然资源利用集约高效。到 2030 年，中心城区能源利用总量控制在 1 250 万 tce/a 以内，燃煤消费总量控制在 180.6 万 tce/a 以内，单位地区生产总值能耗控制在 0.55 tce/万元以下；严格控制水资源开发利用总量，中心城区用水总量控制在 4.472 亿 m^3/a 以内，万元 GDP 用水量不超过 22.2 m^3/万元，万元工业增加值用水量不超过 16.2 m^3/万元，点军区农田灌溉有效利用系数不低于 56.8%，猇亭区农田灌溉有效利用系数不低于 57.9%；西陵、伍家岗、点军和猇亭四个区城镇建设用地总规模不宜超过 220 km^2；水环境承载率≤0.85，大气环境承载率≤0.9。

目标三：地表水及环境空气质量优良。到 2030 年，乡镇级及以上集中式饮用水水质达标率达到 100%，县级及以上地表水环境断面达到水环境功能区划标准的比例达到 100%，完全消除劣Ⅴ类水体；环境空气优良天数比例达到 88%、细颗粒物（$PM_{2.5}$）浓度不高于 35 μg/m^3，可吸入颗粒物（PM_{10}）浓度不高于 55 μg/m^3；生态环境状况指数（EI）在现有基础上继续上升。

目标四：建立公平共享的环境公共服务体系。到 2030 年，城镇污水集中处理率达到 100%，城镇生活垃圾无害化处理率达到 100%，集中式饮用水水源地监测覆盖到重点村集中式饮用水水源地，环境空气监测体系覆盖乡镇、街道。

第六章　生态功能分区管控

第一节　生态功能分区细化原则

在《环境总规》中心城区生态功能分区管控的基础上，按照《宜昌市环境控制性详细规划编制技术指南（修订）》的要求，细化完善中心城区生态功能分区管控。主要从五个方面进行细化：

（1）生态功能控制线原则上与城镇开发边界、永久性基本农田控制线不重叠（法定自然保护地内农田除外），对生态功能控制线范围和地块性质进行核定。

（2）根据《湖北省生态保护红线划定方案》，补充完善生态功能控制线地块类型，包括县级及以上饮用水水源保护区、重要水域保护地、省级及以上地质公园等。

（3）在《环境总规》数据基础上，采用国土部门 1∶10 000 基础底图（基础地理信息地形要素数据、土地利用现状数据）和分辨率 2 m 的卫星遥感数字正射影像图对中心城区生态功能控制线进行细化修正，确保精确落地，并能够与自然资源和规划、林业和园林等部门保持底图一致。

（4）与主体功能区规划、城市总体规划、土地利用总体规划、永久性基本农田控制线、矿产资源规划、产业发展规划等进行衔接，协调城市经济社会发展空间和生态保护空间，实现绿色、协调发展。

（5）细化完善中心城区生态功能分区管控制度，明确生态保护红线和除生态保护红线以外的生态功能控制线的管控措施，制订生态功能控制线管理制度清单和非法定自然保护地环境准入清单、生态功能黄线环境准入负面清单。

第二节 生态功能分区细化方法与结果

一、技术路线

按照“上下结合、横向整合”的原则，首先明确国家、湖北省、宜昌市等上位规划对生态环境重点功能区域的保护要求以及中心城区城镇空间扩展、资源开发利用等经济社会发展需求；其次，以《环境总规》为基础，进行各类规划基础数据特别是发改委、经信、自然资源和规划、生态环境、林业和园林、水利和湖泊、农业农村、应急管理等部门对规划空间数据的校核，将不同比例尺不同来源数据汇集并整合、统一坐标、共用底图；然后，将空间上山水林田湖等需要保护的生态保护对象范围进行融合、协调，例如生态功能控制线与永久性基本农田、城乡规划的禁止建设区、限制建设区相互衔接；同时，按照尊重历史现状和“法不溯及既往”的原则，将生态功能控制线范围内合法的工矿用地予以优化调整；最后，结合相关环保政策、法律法规和规划，完善生态功能控制区、黄线区管控制度，形成完备的生态功能分区管控制度体系（见图 6-1）。

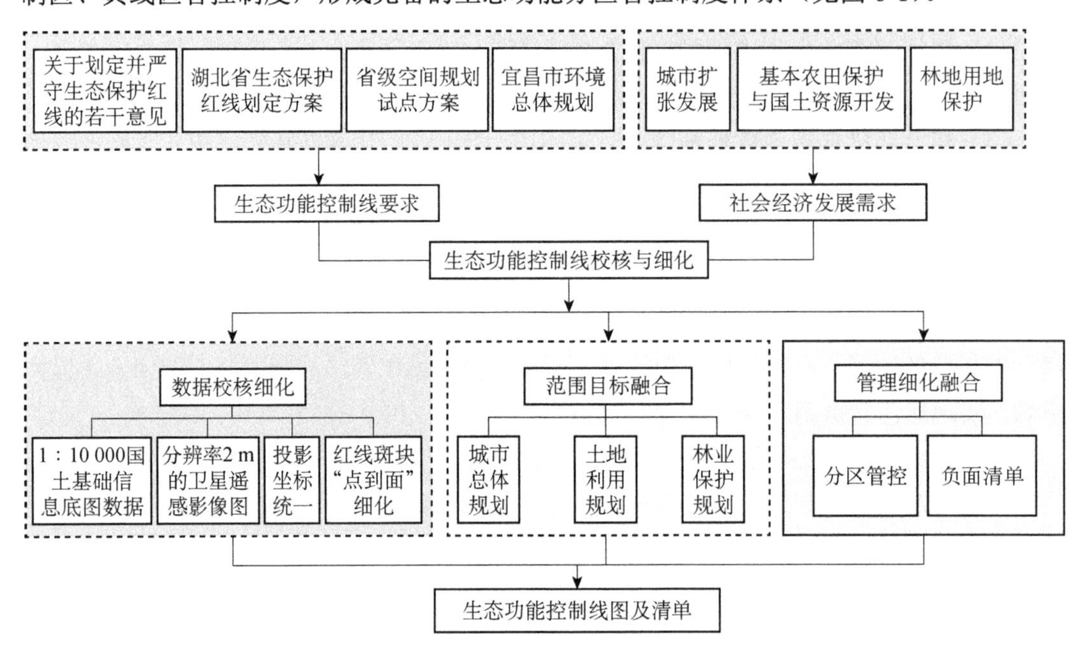

图 6-1 生态功能分区管控技术路线

二、细化内容

依据图 6-1 对生态功能分区进行细化，包括地块边界的优化调整，具体包括《环境总规》中 52 个中心城区生态功能控制区地块的细化，对属于评估确定的同类型地块进行合并，不同类型的地块进行拆分，补充新增类型的地块，增补地块清单（共 23 个），细化后生态功能控制线单元总数为 73 个（见表 6-1）。

三、细化结果

通过进一步识别、判定中心城区生态功能重要区、敏感区及脆弱区，并将自然保护区、风景名胜区、地质公园、生态公益林、集中式饮用水水源保护区、重要的河流湖库等最新图形数据予以纳入，建立中心城区生态功能分区管控体系，将中心城区国土空间划分为生态功能控制线、生态保护红线、生态功能黄线和生态功能绿线（见图 6-2、图 6-3）。

（一）生态功能控制线

中心城区生态功能控制线范围面积为 452.74 km^2，占中心城区国土总面积的 44.85%，包括 73 个地块。其中，西陵区、伍家岗区、点军区、猇亭区四个行政区生态功能控制线范围面积为 425.75 km^2。宜昌市中心城区生态功能控制线划定范围保护的自然生态地块类型包括：市级及以上自然保护区、市级及以上森林公园、省级及以上地质公园、省级及以上风景名胜区、县级及以上集中式饮用水水源保护区、省级及以上生态公益林、水源涵养和土壤保持功能极重要区、土壤侵蚀极敏感区、重要河流、重要水库、宜昌市永久性保护绿地、山体和水域等。

根据生态系统主要功能，中心城区生态功能控制线划分为水源涵养生态功能控制线、生物多样性维护生态功能控制线、湖泊湿地洪水调蓄生态功能控制线三种类型（不同类型空间范围存在重叠）（见表 6-2、表 6-3、图 6-4）。

水源涵养生态功能控制线划定范围为 359.11 km^2，占中心城区国土面积的 35.57%，主要包括：县级以上集中式饮用水水源保护区、国家级和省级生态公益林、经评价确定的水源涵养和土壤保持功能极重要区、市级及以上森林公园、宜昌市永久性保护绿地、山体和水域等重要生态功能区。

表 6-1　环境控制性详细规划编制阶段生态功能分区细化主要内容[①]

行政区	总规编号	类型	名称	面积/km^2	空间细化内容	管控措施细化
西陵区	30	水源涵养功能重要区/保护区	三峡湿地自然保护区+部分峡口风景区+部分水源涵养重要区	271.8	根据林业、住建等部门提供的数据，核定法定自然保护地、省级及以上公益林范围，进行边界细化，并与其他类型控制线单元进行合并	根据保护地类型，明确管控措施，法定自然保护地依法依规，非法定自然保护地制订环境准入清单
伍家岗区	2	水源涵养功能重要区	伍家岗水源涵养功能重要区	2.74		
猇亭区	42	水源涵养功能重要区	猇亭水源涵养功能重要区	3.62		
点军区	32	水源涵养功能重要区/保护区	文佛山自然保护小区+部分重要土壤保持重要区	69.04	根据 1：10 000 基础信息底图数据，细化了边界范围，去除已有及规划城镇村建设用地、永久基本农田等用地	
点军区	33	水源涵养功能重要区	土城乡水源涵养功能重要区	0.83		
伍家岗区	8	永久性山体	双城路山体	0.35	根据自然资源和规划、园林部门提供的最新数据，结合 1：10 000 基础信息底图，核定细化保护地范围，并按照县级行政区范围对同类单元进行了合并编码	按照《宜昌市城区重点绿地保护条例》实施管控
伍家岗区	10	永久性山体	城乡路山体	2.38		
西陵区	15	永久性山体	港城路山体	1.75		
西陵区	25	永久性山体	李家湾山体	0.26		
西陵区	27	永久性山体	唐家湾山体	2.62		
点军区	34	永久性山体	四方山	2.92		
点军区	35	永久性山体	五龙山体	4.53		
伍家岗区	4	永久性绿地	五一广场	0.04		
伍家岗区	5	永久性绿地	白马山公园	0.73		
伍家岗区	6	永久性绿地	求雨台公园	1.66		
伍家岗区	7	永久性绿地	王家河公园	0.24		

① 表中控制线单元对应行政区、编号、类型、名称及面积均为《环境总规》名录登记表信息。

续表

行政区	总规编号	类型	名称	面积/km²	空间细化内容	管控措施细化
伍家岗区	9	永久性绿地	宝塔河小游园	0.01	根据自然资源和规划、园林部门提供的最新数据，结合1：10 000基础信息底图，核定细化保护地范围，并按照县级行政区范围对同类单元进行了合并编码	按照《宜昌市城区重点绿地保护条例》实施管控
伍家岗区	11	永久性绿地	万寿游园	0.01		
点军区	12	永久性绿地	磨基山公园	1.53		
伍家岗区	13	永久性绿地	运河生态公园	0.12		
西陵区	14	永久性绿地	南湖林园	0.02		
西陵区	16	永久性绿地	白龙公园	0.03		
西陵区	17	永久性绿地	滨河公园	0.26		
西陵区	18	永久性绿地	欧阳修公园	0.03		
西陵区	19	永久性绿地	儿童公园	0.15		
西陵区	20	永久性绿地	夷陵广场	0.06		
西陵区	21	永久性绿地	东山公园	0.18		
西陵区	22	永久性绿地	绿萝植物园	0.21		
西陵区	24	永久性绿地	葛洲坝公园	0.06		
西陵区	28	永久性绿地	葛洲坝三江防淤堤	0.29		
西陵区	29	永久性绿地	三游洞	0.05		
点军区	36	永久性绿地	卷桥河公园	1.27		
猇亭区	39	永久性绿地	六眼冲公园	5.4		
猇亭区	40	永久性绿地	鸡山公园	0.1		
西陵区	23	永久保护水域	运河	0.17		
西陵区	26	永久保护水域	沙河	1.15		

续表

行政区	总规编号	类型	名称	面积/km^2	空间细化内容	管控措施细化
猇亭区	212	生态公益林	猇亭重要生态公益林	13.89	根据林业部门提供数据，重新校核由于前后坐标系不统一导致投影位移偏差，同时细化区分国家级与省级公益林范围	根据地块类型明确管控制度
西陵区	214	生态公益林	西陵重要生态公益林	3.96		
伍家岗区	219	生态公益林	伍家岗重要生态公益林	8.27		
点军区	223	生态公益林	点军区生态公益林	9.36		
点军区	224	森林公园	磨基山森林公园	1.2	根据 1：10 000 基础信息底图数据，细化范围，与永久性保护绿地进行类型合并	
西陵区	225	森林公园	石板森林公园	2.33		
点军区	37	风景名胜区	峡口—牛扎坪风景名胜区及水源涵养功能重要区	252.27	根据三峡旅游新区、住建等部门提供范围，核定边界范围及分区（或由点细化为具体边界范围）	
点军区	280	风景名胜区	石门洞风景区	26		
点军区	281	风景名胜区	鸣翠谷风景区	0.53		
点军区	282	风景名胜区	磨基山风景区	5		
猇亭区	3	自然保护区/小区	天湖自然保护小区	5.76	根据林业部门提供的矢量数据，核实完善地块名录及范围，核定边界范围	根据地块类型及保护级别，明确管控制度
猇亭区	38		猇亭白鹭自然保护小区	3.33		
猇亭区	41		小鹿自然保护区+部分水源涵养区域	9.44		
点军区	209		湖北宜昌长江中华鲟自然保护区	20		
点军区	248		车溪自然保护小区	4.81		
西陵区	263		猕猴自然保护小区	10		
宜昌高新区	新增		四陵坡白鹭自然保护小区（属宜昌高新区白洋工业园）	9.78		

续表

行政区	总规编号	类型	名称	面积/km^2	空间细化内容	管控措施细化
西陵区	新增	县级以上集中式饮用水水源地保护区	西陵区葛洲坝四公司供水公司西坝水厂水源地保护区	3.09	根据饮用水水源保护区矢量数据及1：10 000基础信息底图数据，确定边界范围	执行饮用水水源保护区管理制度
宜昌高新区	新增		窑湾水厂备用水源地保护区	0.05		
点军区	新增		楠木溪水库水源保护区	0.27		
猇亭区/宜昌高新区	新增		善溪冲水库水源保护区	2.94		
中心城区	新增/细化	国家级风景名胜区	长江三峡风景名胜区西陵峡景区、三峡大坝景区及车溪景区等	65.41	根据旅游新区、住建部门提供范围，核定了边界范围及分区	根据地块类型及分区，明确管控制度
中心城区	新增	重要水域及其岸线	长江（中心城区段）	58.8	根据1：10 000基础信息底图数据、宜昌市城区重点绿地名录（2017）、宜昌市绿地系统规划等资料确定边界范围	
西陵区	新增	重要水库	西陵区葛洲坝水利枢纽—水库工程	0.34		
中心城区	新增	永久性绿地、山体、水域	葛洲坝大江防淤堤、左坝头广场、猇亭古风乐园等宜昌市永久性绿地13处	12		
点军区/西陵区	新增	国家级地质公园	长江三峡（湖北）国家地质公园西陵峡园区（中心城区部分）	21.94	根据自然资源和规划部门提供的规划资料，确定国家地质公园边界范围	

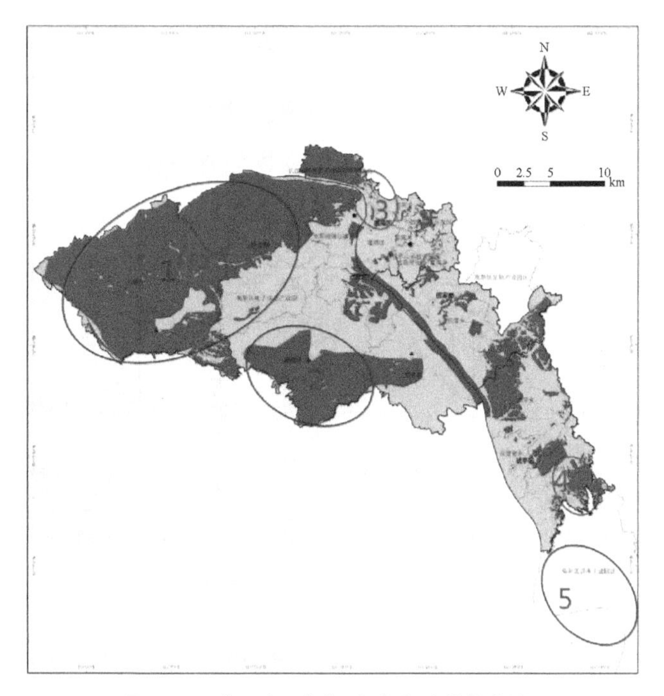

图 6-2　《环境总规》中生态功能控制线

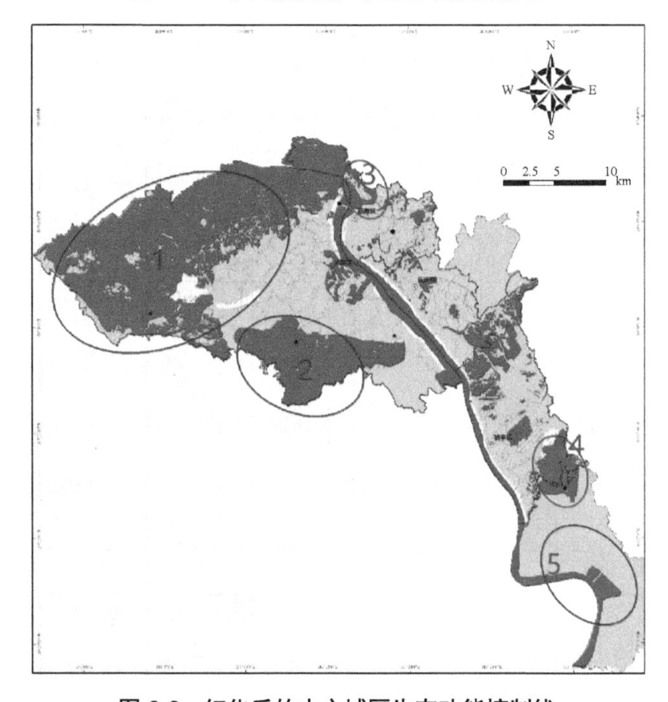

图 6-3　细化后的中心城区生态功能控制线

表 6-2　图 6-2 和图 6-3 中细化前后主要斑块对比内容示例说明

编号	《宜昌环境总体规划》中生态功能控制线斑块类型及名称	细化后生态功能控制线类型及名称	细化依据与内容
1	原总规编号 37，峡口—牛扎坪风景名胜区及水源涵养功能重要区	点军土城—桥边—牛扎坪水源涵养功能极重要区，编码 YC-03-A-13	重新校核由于前后坐标系不统一导致投影位移偏差；去除城镇、乡村、工矿用地、永久基本农田用地，规范了编码方式和名称方式
2	原编号 32，文佛山自然保护小区+部分重要土壤保持重要区	点军联棚—艾家水源涵养土壤保持功能极重要区，编码 YC-03-A-12	
3	新增	新增西陵区葛洲坝四公司供水公司西坝水厂水源地、长江三峡风景名胜区西陵峡景区、葛洲坝水利枢纽—水库工程、永久性绿地山体水体等	内容根据水源地保护区名录及 1∶10 000 基础信息底图数据，由点细化为具体边界范围；根据主管部门提供资料，新增生态要素类型补充纳入控制线范围
4	新增	新增善溪冲水库及水源地保护区、永久性绿地等	根据饮用水水源保护区矢量图及 1∶10 000 基础信息底图数据，由点细化为具体边界范围
5	新增（宜昌高新区白洋工业园内控制线单元）	新增四陵坡白鹭自然保护小区、湖北宜昌长江中华鲟自然保护区（中心城区段）	根据林业等部门提供的数据，补充纳入控制线范围

生物多样性维护生态功能控制线划定范围为 135.12 km^2，占中心城区国土面积的 13.39%，主要包括市级及以上自然保护区和省级自然保护小区、国家级水产种质资源保护区、国家级地质公园、国家级风景名胜区等重要生态功能区。

湖泊湿地洪水调蓄生态功能控制线划定范围为 58.87 km^2，约占中心城区国土面积的 5.83%。主要包括长江、重要水库等河湖湿地洪水调蓄重要功能区。

（二）生态保护红线

生态保护红线是生态功能控制线的核心部分，依据《湖北省生态保护红线划定方案》，中心城区生态保护红线区面积为 106 km^2，占中心城区生态功能控制线范围的 23.5%，占国土面积的 10.51%。

生态保护红线区以外的生态功能控制线范围为 345.38 km^2，占中心城区生态功能控制线范围的 76.49%，占中心城区国土面积的 35.13%。

表 6-3　宜昌市中心城区生态功能控制线要素构成

编号	类型	自然生态要素		保护对象	面积/km²
1	水源涵养生态功能控制线	1	县级及以上集中式饮用水水源保护区	葛洲坝四公司供水公司西坝水厂水源地保护区	6.00
				窑湾水厂备用水源地保护区	2.6
				楠木溪水库水源保护区	11.12
				善溪冲水库水源保护区	15.19
		2	省级及以上生态公益林	国家级生态公益林	68.04
				省级生态公益林	28.18
		3	经评价确定的水源涵养及土壤保持功能重要区	水源涵养及土壤保持功能重要区	222.32
		4	宜昌市永久性保护重点绿地、森林公园	中心城区范围内永久性保护绿地、山体和水域	31.02
2	生物多样性维护生态功能控制线	5	省级自然保护区/自然保护小区	长江湖北宜昌中华鲟自然保护区（中心城区段）	44.45
				西陵白鹭自然保护小区	0.61（10）*
				文佛山自然保护小区	10
				车溪自然保护小区	4.81
				猇亭白鹭自然保护小区	3.33
				猇亭小鹿自然保护小区	2.13
				天湖自然保护小区	5.76
				四陵坡白鹭自然保护小区	10
				西陵峡口猕猴自然保护小区	1.32（10）*
		6	国家级风景名胜区	长江三峡风景名胜区西陵峡景区、车溪景区等	65.41
		7	国家级地质公园	长江三峡（湖北）国家地质公园西陵峡景区（中心城区部分）	21.94
3	湖泊湿地洪水调蓄生态功能控制线	8	重要水域及其岸线	长江（中心城区段）	58.8
		9	重要水库	西陵区葛洲坝水利枢纽—水库工程	4.95

注：* 括号内数据为批复面积，括号外数据为现有矢量图形校核面积。

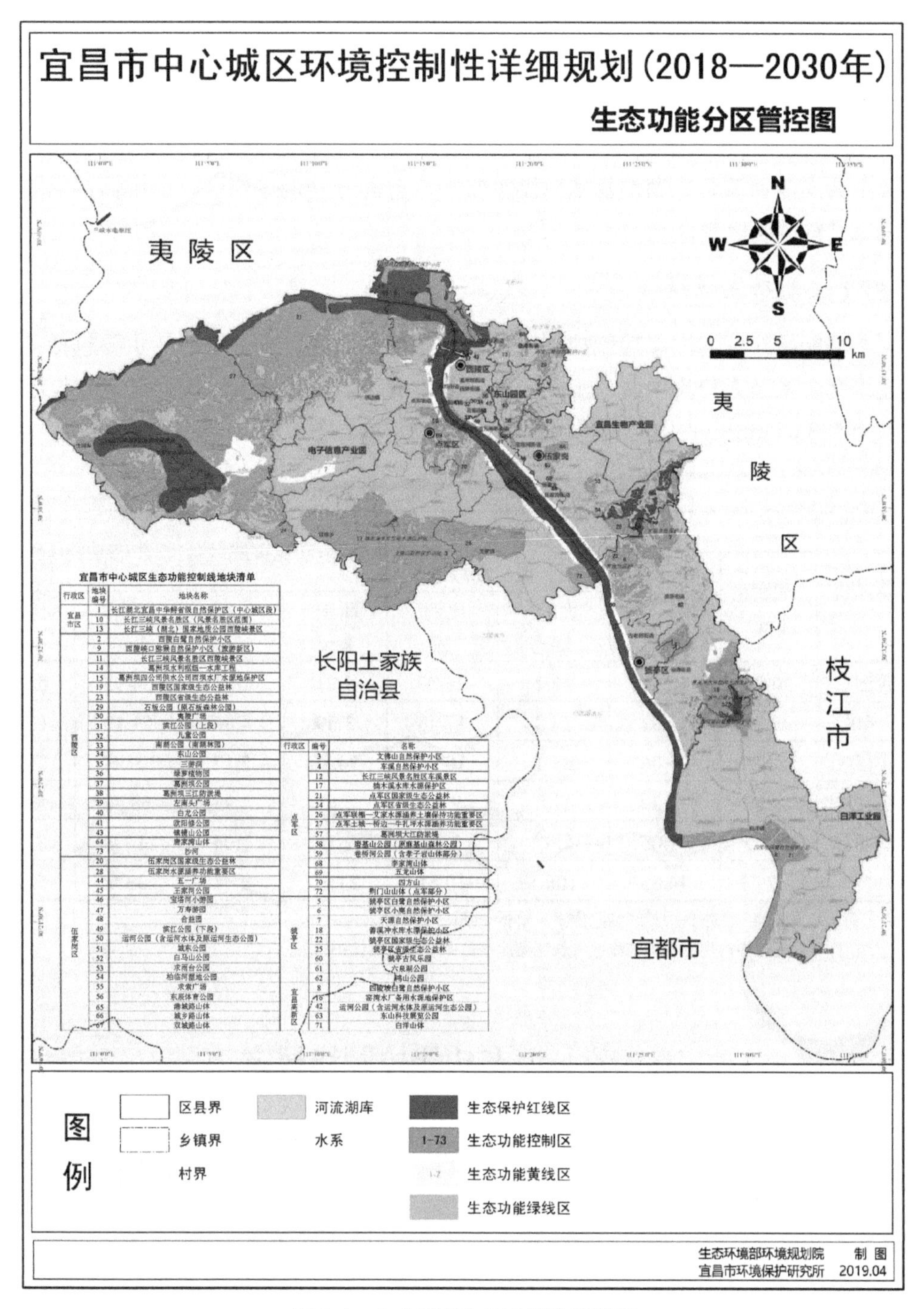

宜昌市中心城区生态功能控制线地块清单

行政区	地块编号	地块名称
宜昌市区	1	长江湖北宜昌中华鲟省级自然保护区（中心城区段）
	10	长江三峡风景名胜区（风景名胜区范围）
	13	长江三峡（湖北）国家地质公园西陵峡景区
西陵区	2	西陵白鹭自然保护小区
	9	西陵峡口猕猴自然保护小区（旅游新区）
	11	长江三峡风景名胜区西陵峡景区
	14	葛洲坝水利枢纽—水库工程
	15	葛洲坝四公司供水公司西坝水厂水源地保护区
	19	西陵区国家级生态公益林
	23	西陵区省级生态公益林
	29	石板公园（原石板森林公园）
	30	夷陵广场
	31	滨江公园（上段）
	32	儿童公园
	33	南湖公园（南湖林园）
	34	东山公园
	35	三游洞
	36	绿萝植物园
	37	葛洲坝公园
	38	葛洲坝三江防淤堤
	39	左南头广场
	40	白龙公园
	41	欧阳修公园
	43	镇镜山公园
	64	唐家湾山体
	73	沙河
伍家岗区	20	伍家岗区国家级生态公益林
	28	伍家岗水源涵养功能重要区
	44	五一广场
	45	王家河公园
	46	宝塔河小游园
	47	万寿游园
	48	合益园
	49	滨江公园（下段）
	50	运河公园（含运河水体及原运河生态公园）
	51	城东公园
	52	白马山公园
	53	求雨台公园
	54	柏临河湿地公园
	55	求索广场
	56	东辰体育公园
	65	港城路山体
	66	城乡路山体
	67	双城路山体

行政区	编号	名称
点军区	3	文佛山自然保护小区
	4	车溪自然保护小区
	12	长江三峡风景名胜区车溪景区
	17	楠木溪水库水源保护区
	21	点军区国家级生态公益林
	24	点军区省级生态公益林
	26	点军联棚—艾家水源涵养土壤保持功能重要区
	27	点军土城—桥边—牛扎坪水源涵养功能重要区
	57	葛洲坝大江防淤堤
	58	磨基山公园（原磨基山森林公园）
	59	卷桥河公园（含孝子岩山体部分）
	68	李家湾山体
	69	五龙山体
	70	四方山
	72	荆门山山体（点军部分）
猇亭区	5	猇亭区白鹭自然保护小区
	6	猇亭区小麂自然保护小区
	7	天源自然保护小区
	18	善溪冲水库水源保护小区
	22	猇亭区国家级生态公益林
	25	猇亭区省级生态公益林
	60	猇亭古风乐园
	61	六泉湖公园
	62	鸣山公园
宜昌高新区	8	西陂坡白鹭自然保护小区
	16	窑湾水厂备用水源地保护区
	42	运河公园（含运河水体及原运河生态公园）
	63	东山科技展览公园
	71	白洋山体

图 6-4　中心城区生态功能分区管控

（三）生态功能黄线

中心城区生态功能控制线以外的其他重要的生态功能区划定为生态功能黄线区，总面积为 20.61 km^2，共 7 个地块，占中心城区国土总面积的 2.34%，保护类型包括：长江干流及主要支流河滨带、湖泊及水库湖滨带、水源涵养功能重要区、土壤保持功能重要区、土壤侵蚀敏感区等。

（四）生态功能绿线

生态功能绿线区为生态功能控制区及生态功能黄线区以外的区域，主要包括：城镇规划建设区、乡镇人口集中区、工业园区、基本农田、耕地等合法的已开发建设区域，总面积为 533.05 km^2，占中心城区国土面积的 52.81%。

表 6-4　中心城区生态功能分区面积统计

行政区	生态功能控制区				生态功能黄线区		生态功能绿线区	
	面积/ km^2	占行政区面积比例/ %	生态保护红线区[①]					
			面积/ km^2	比例/ %	面积/ km^2	比例/ %	面积/ km^2	比例/ %
西陵区	30.93	46.25	20.2	25.77	1.01	1.51	34.95	52.25
伍家岗区	25.74	32.01	14.8	17.46	3.59	4.46	51.10	63.53
点军区	324.87	65.06	55.1	10.34	10.86	2.17	163.60	32.76
猇亭区	44.20	37.29	11.0	9.28	5.61	4.73	68.72	57.98
宜昌高新区	26.99	11.05	5.0[②]	2.06	2.54	1.04	214.68	87.91
合计	452.73	44.85	106.1	10.51	23.61	2.34	533.05	52.81

注：①面积与《湖北省生态保护红线划定方案》数据一致；
②白洋工业园范围内生态保护红线区（长江湖北宜昌中华鲟自然保护区）。

第三节　生态功能控制线核定

一、核定原则

宜昌市中心城区生态功能控制线核定主要遵循以下原则：

（1）依据《湖北省生态保护红线划定方案》和《宜昌市环境控制性详细规划编制技术指南（修订）》，增补县级及以上饮用水水源保护区、重要水域保护地、省级及以上地质公园等保护地块类型。

（2）按照“法不溯及既往”的原则，将《环境总规》颁布实施前（2015 年 1 月 9 日前）非法定自然保护地范围内合法合规的工矿用地不纳入生态功能控制线，以此为据，对生态功能控制线边界予以核定。

（3）按照生态功能控制线与永久基本农田控制线、城镇开发边界范围不重叠的原则，将合法合规的城镇开发区域、成片永久性基本农田保护区不纳入生态功能控制线范围（法定自然保护地内永久性基本农田除外）。

（4）按照“依法依规、增减平衡”的原则，对已依法依规完成边界确认和边界调整的自然保护地和生态功能控制区地块按照最新发布的范围边界进行核定。

（5）结合生态环境敏感性和脆弱性评价结果，对生态功能控制线内水源涵养功能重要区、土壤保持功能重要区等非法定自然保护地地块性质予以核定。

二、核定变化情况

中心城区生态功能控制线核定面积增加地块 12 项，主要包括各类法定自然保护地 11 项和生态补偿区 1 项，核定减少面积范围分为以下四类：

（1）基本农田（2 项）：按照中心城区永久基本农田保护范围图将猇亭区和点军区共 13.83 km^2 永久基本农田调出生态功能控制线，并同面积补划相应生态功能控制区。

（2）现状建设用地（2 项）：根据 2015 年土地利用现状类型，将 11.6 km^2 的城、镇、村等现状建设用地调出生态功能控制线，并同面积补划相应生态功能控制区。

（3）规划建设用地（1 项）：根据点军区村庄建设规划将部分村域规划建设用地调出生态功能控制线，调减面积 0.08 km^2，并补划等面积生态功能控制区。

（4）现状采矿权及其扩建项目用地（3 项）：点军区宜昌市祥成建材有限公司朱家坪建筑石料用灰岩矿、骡马洞沟采石场分别于 2013 年 8 月、2012 年 7 月取得采矿权；天成建筑石料用灰岩矿 2013 年 11 月划定了矿区范围，并通过市国土资源局批复，2014 年 7 月完成采矿权挂牌出让，2016 年 9 月取得采矿证。根据宜昌市人民政府《关于研究清理规范城区采石场等问题的纪要》（宜昌市人民政府专题会议纪要〔2016〕76 号），以上三家采石场予以保留。朱家坪建筑石料用灰岩矿扩建项目已完成生态功能控制线调整专题论证，已按程序通过宜昌市人大常委会审议，该采石场扩建后占地面积为 0.348 8 km^2，同时，将 0.356 9 km^2 的生态补偿区增补入生态功能控制区。经核定，将以上三家矿山矿区范围不纳入生态功能控制线范围。

宜昌市中心城区生态功能控制线核定变化情况见表 6-5。

表 6-5 宜昌市中心城区生态功能控制线核定变化情况汇总

序号	调整项目	增减性质	用地性质	所在地块主体生态功能	增减面积/km^2	调整依据	说明
1	善溪冲水库饮用水水源保护区	增	—	市级集中式饮用水水源保护区	15.19	湖北省生态保护红线划定方案、《宜昌市环境控制性详细规划编制技术指南（修订）》（含附表湖北省生态保护红线区宜昌市重点区域名录，下同）、善溪冲水库饮用水水源保护区矢量图	新增
2	楠木溪水库集中饮用水水源保护区	增	—	市级集中式饮用水水源保护区	11.12	湖北省生态保护红线划定方案、《宜昌市环境控制性详细规划编制技术指南（修订）》、楠木溪水库饮用水水源保护区矢量图	新增，范围与原32点军区水源涵养土壤保持功能重要区有重叠
3	葛洲坝四公司供水公司西坝水厂水源地	增	—	市级集中式饮用水水源保护区	（6.0）	《宜昌市环境控制性详细规划编制技术指南（修订）》	新增，范围与葛洲坝水利枢纽一水库工程有重叠
4	窑湾水厂备用水源地	增	—	市级集中式饮用水水源保护区	（2.6）	《宜昌市环境控制性详细规划编制技术指南（修订）》	新增，范围与东山园区永久性绿地有重叠
5	宜昌市永久性保护绿地山体水域	增	—	宜昌市永久性保护绿地山体水域	12.34	《市人民政府关于公布宜昌市城区重点绿地名录（2017年）的通告》（含前四批）、宜昌市城市绿地系统规划（2014—2030年）、《宜昌市环境控制性详细规划编制技术指南（修订）》	根据市政府公布的重点绿地名录，新增规划范围内原总规中未纳入的永久性绿地
6	长江三峡风景名胜区西陵峡景区（含景区范围）	增	—	国家级风景名胜区	37.6	湖北省生态保护红线划定方案、《长江三峡风景名胜区总体规划（2017—2030年）》	新增

续表

序号	调整项目	增减性质	用地性质	所在地块主体生态功能	增减面积/km^2	调整依据	说明
7	长江三峡风景名胜区车溪景区	增	—	国家级风景名胜区	25.83	《湖北省生态保护红线划定方案》《长江三峡风景名胜区总体规划（2017—2030年）》	新增，位于原37点军土城—桥边—牛扎坪水源涵养功能重要区内，且与车溪自然保护小区范围重叠
8	长江三峡（湖北）国家地质公园西陵峡园区（部分）	增	—	国家级地质公园	21.94	《湖北省生态保护红线划定方案》《市人民政府关于同意长江三峡国家地质公园（湖北）宜昌片区规划调整方案的批复》（宜府函〔2018〕28号）	新增，范围与长江三峡风景名胜区西陵峡景区有重叠
9	长江湖北宜昌中华鲟自然保护区（中心城区段）	完善边界范围	—	省级自然保护区、重要河流	32.48	《湖北省生态保护红线划定方案》《省环保厅关于长江湖北宜昌中华鲟自然保护区范围及功能区划调整的复函》（鄂环函〔2018〕3号），长江湖北宜昌中华鲟自然保护区范围矢量图	与总规编号—209长江中华鲟自然保护区部分重叠，细化边界，新增中心城区段范围
10	葛洲坝水利枢纽—水库工程（中心城区段）	增	—	重要水库、重要河流	4.95	《湖北省生态保护红线划定方案》《宜昌市环境控制性详细规划编制技术指南（修订）》	新增
11	四陵坡白鹭自然保护小区	完善边界范围	—	自然保护小区	10	《环境总规》《宜昌市环境控制性详细规划编制技术指南（修订）》《宜昌高新区管委会关于白洋四陵坡白鹭自然保护小区范围和界线的公告》（2018年11月8日）及其附件	将《环境总规》中属枝江市的控制线单元合并至中心城区清单；根据宜昌高新区管委会最新核定范围调整（共两个地块，其中新增地块一位于善溪冲水库下游）

续表

序号	调整项目	增减性质	用地性质	所在地块主体生态功能	增减面积/km^2	调整依据	说明
12	土城乡黄家岭村生态补偿区	增	—	水源涵养功能生态功能重要区	0.356 9	《宜昌市点军区朱家坪建筑石料用灰岩矿扩建项目生态功能控制线调整专题论证报告》《宜昌市点军区朱家坪建筑石料用灰岩矿扩建项目生态功能控制线调整方案》	将土城乡黄家岭村生态功能绿线区内0.357 km^2区域调入生态功能控制区，实现第37号地块面积不减少、功能不降低、性质不改变
1	猇亭区基本农田	减	农业用地	水源涵养功能重要区	0.88	《宜昌市土地利用总体规划（2006—2020年）调整完善成果的批复》（鄂政函〔2018〕52号）、宜昌市基本农田矢量成果“4205052014JBNTBHPK”	
2	点军区基本农田	减	农业用地	水源涵养功能重要区（37点军土城—桥边—牛扎坪水源涵养功能重要区）	12.95	《宜昌市土地利用总体规划（2006—2020年）调整完善成果的批复》（鄂政函〔2018〕52号）、宜昌市基本农田矢量成果“4205042014JBNTHRHC”	
3	伍家岗、猇亭、点军区部分城、镇、村现状建设用地	减	现状建设用地	水源涵养/土壤保持功能重要区	9.47	《宜昌市土地利用总体规划（2006—2020年）调整完善成果的批复》（鄂政函〔2018〕52号）、宜昌市中心城区土地利用总体规划图、宜昌土地利用现状矢量数据（2017）	
4	平湖半岛城市建设用地区域（涉及南津关、前坪等）	减	现状及规划城镇建设用地	长江三峡风景名胜区三级保护区	2.13	《宜昌市城市总体规划（2011—2030年）（修改）》土地利用规划图、《宜昌市土地利用总体规划（2006—2020年）调整完善成果的批复》（鄂政函〔2018〕52号）：平湖半岛下牢溪以东、三峡专用公路以南区域—属中心城区集中建设范围同时属于旅游镇建设范围	

续表

序号	调整项目	增减性质	用地性质	所在地块主体生态功能	增减面积/km^2	调整依据	说明
5	点军区桥边镇新村村村庄规划用地	减	规划建设用地	土壤保持功能重要区	0.08	《点军区桥边镇新村村庄建设规划》、村域土地利用规划图	
6	宜昌三发石料有限公司骡马洞沟采石场建筑用白云岩矿	减	矿山	水源涵养功能重要区（37 点军土城—桥边—牛扎坪水源涵养功能重要区）	0.193 5	《关于研究清理规范城区采石场等问题的纪要》（宜昌市人民政府专题会议纪要〔2016〕76 号）、采矿许可证、环评批复、竣工环保验收批复	2012 年 7 月设立
7	点军区天成建筑石料用灰岩矿	减	矿山	水源涵养功能重要区（37 点军土城—桥边—牛扎坪水源涵养功能重要区）	0.024 9	《关于研究清理规范城区采石场等问题的纪要》（宜昌市人民政府专题会议纪要〔2016〕76 号）、市国土局关于划定矿区范围的批复、环评批复	2013 年 11 月设立
8	宜昌市祥成建材有限公司朱家坪建筑石料用灰岩矿及其扩建项目	减	矿山	水源涵养功能重要区（37 点军土城—桥边—牛扎坪水源涵养功能重要区）	0.348 8（原矿区 0.058 5）	《关于研究清理规范城区采石场等问题的纪要》（宜昌市人民政府专题会议纪要〔2016〕76 号）、采矿许可证、环评批复；《宜昌市点军区朱家坪建筑石料用灰岩矿扩建项目生态功能控制线调整专题论证报告》审查意见及市人大常委会决议	2013 年 8 月设立（同时补偿土城乡黄家岭村生态功能绿线区内 0.356 9 km^2）
—	宜昌市点军区云峰石材厂建筑石料用灰岩矿	拟核减	矿山	水源涵养功能重要区（37 点军土城—桥边—牛扎坪水源涵养功能重要区）	（拟核减 0.050 5）	《关于研究清理规范城区采石场等问题的纪要》（宜昌市人民政府专题会议纪要〔2016〕76 号）“依法依规处理宜昌市点军区云峰石材厂建筑石料用灰岩矿”，环评手续不全	调整依据及支撑材料不充分，不予调整

注：括号内为批复面积，边界需核定。

第四节　生态功能分区面积与《环境总规》对比统计

一、宜昌市中心城区生态功能分区面积与《环境总规》对比

宜昌市中心城区生态功能分区面积与《环境总规》对比分析详见表 6-6。与《环境总规》相比，中心城区四个行政区（西陵区、伍家岗区、点军区、猇亭区）生态功能控制区面积为 426.4 km^2，黄线区面积为 23.61 km^2，分别下降了 17.97 km^2（4.04%）、12.9 km^2（35.35%），绿线区面积为 364.69 km^2，增加了 20.77 km^2（6.04%）。

表 6-6　中心城区生态功能分区面积与《环境总规》对比分析

单位：km^2

行政区	生态功能控制区			生态功能黄线区			生态功能绿线区		
	控规面积	总规面积	面积变化	控规面积	总规面积	面积变化	控规面积	总规面积	面积变化
西陵区	31.06	31.22	−0.16	1.01	8.22	−7.21	46.32	49.93	−3.61
伍家岗区	25.44	22.52	2.92	3.58	3.87	−0.29	55.74	47.52	8.22
点军区	325.89	349.04	−23.15	13.40	17.55	−4.15	193.72	170.73	22.99
猇亭区	44.01	41.59	2.42	5.61	6.87	−1.26	68.90	75.74	−6.84
面积合计	426.40	444.37	−17.97	23.61	36.51	−12.90	364.69	343.92	20.77
百分比			−4.04%			−35.35%			6.04%

二、中心城区各乡镇（街道）生态功能分区面积统计

宜昌市中心城区各乡镇、街道生态功能分区面积统计见表 6-7。西陵区、伍家岗区全部为规划建成区，不单独统计各街道分区面积。

表 6-7　宜昌市中心城区各乡镇、街道生态功能分区面积统计

行政区	所在乡镇（街道）	生态保护红线区		生态功能控制区		生态功能黄线区		生态功能绿线区	
		面积/km^2	比例/%	面积/km^2	比例/%	面积/km^2	比例/%	面积/km^2	比例/%
西陵区（含东山园区）	—	20.200	25.77	32.928	42.00	1.001	1.28	44.468	56.72

续表

行政区	所在乡镇（街道）	生态保护红线区		生态功能控制区		生态功能黄线区		生态功能绿线区	
		面积/km²	比例/%	面积/km²	比例/%	面积/km²	比例/%	面积/km²	比例/%
伍家岗区（含宜昌生物产业园部分区域）	—	14.800	17.46	25.508	30.09	3.519	4.15	55.743	65.76
点军区（含电子信息产业园）	点军街道	11.568	19.01	27.741	45.59	2.906	4.78	30.198	49.63
	桥边镇	9.361	7.07	71.717	54.16	2.540	1.92	58.152	43.92
	艾家镇	6.632	10.05	23.887	36.18	1.945	2.95	40.190	60.87
	联棚乡	0.252	0.26	53.169	55.67	0	0	42.332	44.33
	土城乡	30.379	17.04	149.129	83.67	5.996	3.36	23.108	12.96
猇亭区	古老背街道	3.165	19.37	4.598	28.14	1.398	8.56	10.341	63.3
	云池街道	2.821	6.15	17.452	38.06	3.383	7.38	25.016	54.56
	虎牙街道	3.161	5.61	21.958	38.98	0.831	1.48	33.545	59.55
夷陵区（宜昌生物产业园部分区域）	龙泉镇（部分行政村）	0	0	0	0	0	0	37.733	100
枝江市（白洋工业园）	白洋镇	5.026	3.26	24.603	15.96	0	0	129.511	84.04
	顾家店镇（高殿寺村）	0	0	0	0	0	0	2.156	100

注：按各辖区国土空间矢量边界范围统计。

第五节　生态功能分区管控制度

一、生态功能控制区管控制度

生态功能控制区（生态功能控制线划定的范围）原则上禁止大规模城镇建设、工业项目、矿产资源开发、新建引水式电站、房地产开发、规模化养殖场和其他破坏区域自然生态环境的开发建设活动。自然保护区、风景名胜区、集中式饮用水水源保护区、森林公园、湿地公园、地质公园、生态公益林、永久性保护绿地山体和水体等法定自然保护地按照法律法规及主管部门发布的管理制度和保护性规划进行管理；其他生态功能控制区（包括水源涵养功能极重要区、土壤侵蚀极敏感区、土壤保持功能极重要区等）执行环境准入清单制度（见表6-8）。

表 6-8 中心城区 73 个生态功能控制线地块清单

类型	要素类型	编码	地块编号	名称	所属行政区	是否属于生态保护红线区	面积/km^2	示意图	管控制度
水源涵养生态功能控制线	县级以上集中式饮用水水源保护区	YC-01-A-01	15	葛洲坝四公司供水公司西坝水厂水源地保护区	西陵区	是	6.00*		《中华人民共和国水法》(以下简称《水法》)、《中华人民共和国水污染防治法》(以下简称《水污染防治法》)、《湖北省县级以上集中式饮用水水源保护区划分方案》《集中式饮用水水源地规范化建设环境保护技术要求》《饮用水水源保护区污染防治管理规定》
		YC-00-A-02	16	窑湾水厂备用水源地保护区	宜昌高新区	否	2.60*		
		YC-03-A-03	17	楠木溪水库水源保护区	点军区	部分属于	11.12		

续表

类型	要素类型	编码	地块编号	名称	所属行政区	是否属于生态保护红线区	面积/km^2	示意图	管控制度
水源涵养生态功能控制线	县级以上集中式饮用水水源保护区	YC-04-A-04	18	善溪冲水库水源保护区	猇亭区、宜昌高新区白洋工业园	是（水域范围）	15.19		《水法》《水污染防治法》《湖北省县级以上集中式饮用水水源保护区划分方案》《集中式饮用水水源地规范化建设环境保护技术要求》《饮用水水源保护区污染防治管理规定》
	国家级生态公益林	YC-01-A-05	19	西陵区国家级生态公益林	西陵区（含旅游新区）	部分属于	13.06		《国家级公益林管理办法》《湖北省生态公益林管理办法》《湖北省天然林保护条例》
		YC-02-A-06	20	伍家岗区国家级生态公益林	伍家岗区	部分属于	10.10		

续表

类型	要素类型	编码	地块编号	名称	所属行政区	是否属于生态保护红线区	面积/km^2	示意图	管控制度
水源涵养生态功能控制线	国家级生态公益林	YC-03-A-07	21	点军区国家级生态公益林	点军区	部分属于	20.53		《国家级公益林管理办法》《湖北省生态公益林管理办法》《湖北省天然林保护条例》
		YC-04-A-08	22	猇亭区国家级生态公益林	猇亭区	部分属于	18.94		
	省级生态公益林	YC-01-A-09	23	西陵区省级生态公益林	西陵区	否	2.98		《湖北省生态公益林管理办法》《湖北省天然林保护条例》

续表

类型	要素类型	编码	地块编号	名称	所属行政区	是否属于生态保护红线区	面积/km^2	示意图	管控制度
水源涵养生态功能控制线	省级生态公益林	YC-03-A-10	24	点军区省级生态公益林	点军区	部分属于	21.90	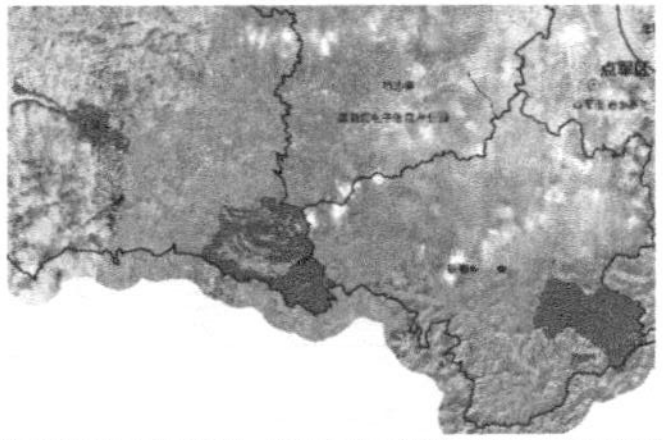	《湖北省生态公益林管理办法》《湖北省天然林保护条例》
		YC-04-A-11	25	猇亭区省级生态公益林	猇亭区	否	3.37	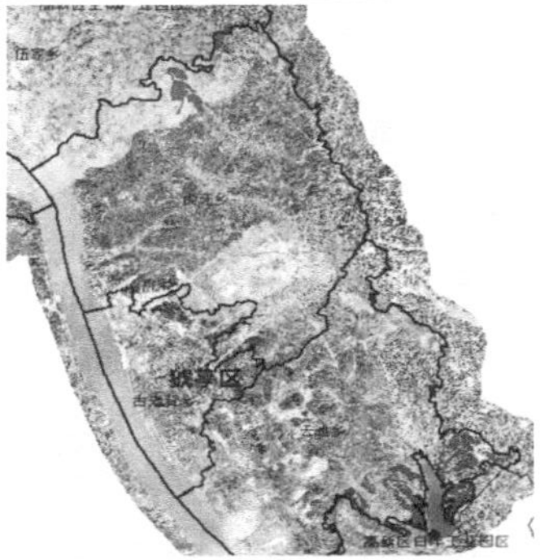	
	经评价确定的水源涵养功能极重要区	YC-03-A-12	26	点军联棚一艾家水源涵养土壤保持功能重要区	点军区	否	45.44	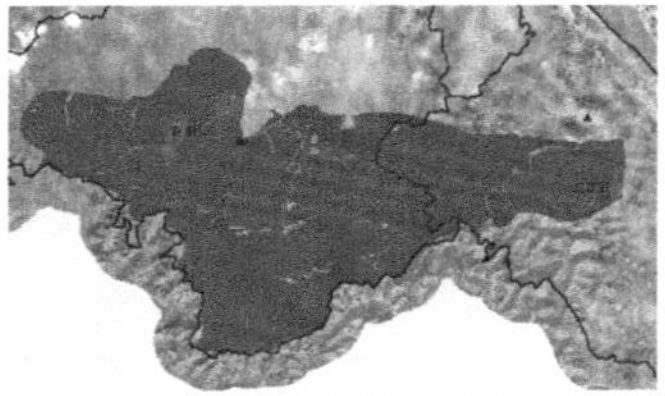	《生态功能控制区非法定自然保护地环境准入清单》

续表

类型	要素类型	编码	地块编号	名称	所属行政区	是否属于生态保护红线区	面积/km^2	示意图	管控制度
水源涵养生态功能控制线	经评价确定的水源涵养功能极重要区	YC-03-A-13	27	点军土城—桥边—牛扎坪水源涵养功能重要区	点军区	否	174.42	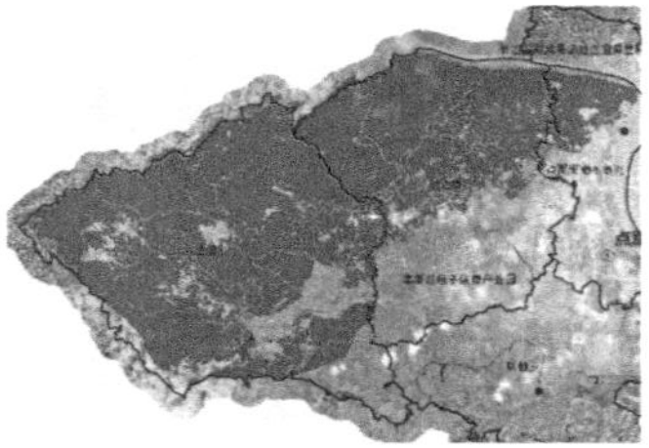	《生态功能控制区非法定自然保护地环境准入清单》
		YC-02-A-14	28	伍家岗水源涵养功能重要区	伍家岗区	否	2.45	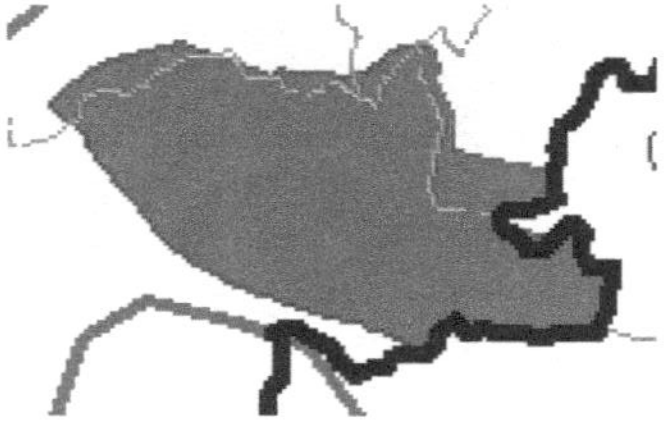	
	市级及以上森林公园	YC-00-A-15	29	石板公园（原名：石板森林公园）	西陵区	否	1.26	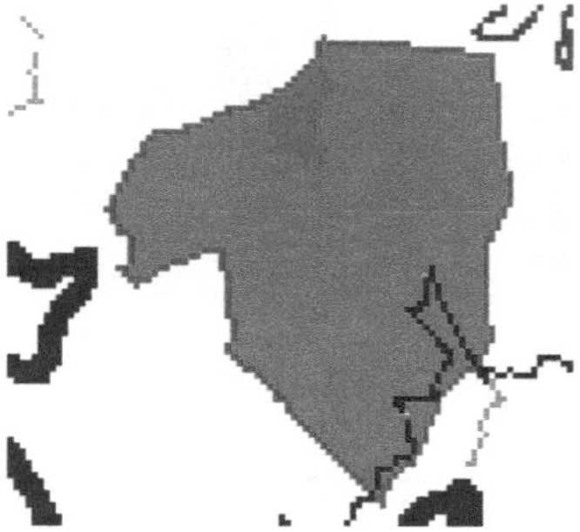	《宜昌市城区重点绿地保护条例》

续表

类型	要素类型	编码	地块编号	名称	所属行政区	是否属于生态保护红线区	面积/km^2	示意图	管控制度
水源涵养生态功能控制线	宜昌市永久性保护绿地、山体和水域	YC-00-A-16	30	夷陵广场	西陵区	否	0.05		《宜昌市城区重点绿地保护条例》
		YC-00-A-17	31	滨江公园（上段）	西陵区	否	0.157 1		
		YC-00-A-18	32	儿童公园	西陵区	否	0.129 1		
		YC-00-A-19	33	南湖公园（南湖林园）	西陵区	否	0.016 8		
		YC-00-A-20	34	东山公园	西陵区	否	0.148 3		
		YC-00-A-21	35	三游洞	西陵区	否	0.044 5		
		YC-00-A-22	36	绿萝植物园	西陵区	否	0.039 4		
		YC-00-A-23	37	葛洲坝公园	西陵区	否	0.050 2		
		YC-00-A-24	38	葛洲坝三江防淤堤	西陵区	是	0.248 6		
		YC-00-A-25	39	左坝头广场	西陵区	否	0.013 8		
		YC-00-A-26	40	白龙公园	西陵区	否	0.042 3		
		YC-00-A-27	41	欧阳修公园	西陵区	否	0.011 0		
		YC-00-A-29	43	镇镜山公园	西陵区	否	0.03		

续表

类型	要素类型	编码	地块编号	名称	所属行政区	是否属于生态保护红线区	面积/km^2	示意图	管控制度
水源涵养生态功能控制线	宜昌市永久性保护绿地、山体和水域	YC-00-A-50	64	唐家湾山体	西陵区	否	0.607 6	 东山科技创业园	《宜昌市城区重点绿地保护条例》
		YC-00-A-51	65	港城路山体	伍家岗区、西陵区	否	0.911 1		
		YC-00-A-59	73	沙河	西陵区	否	1.097 1		
		YC-00-A-30	44	五一广场	伍家岗区	否	0.039 3	 长江湖	
		YC-00-A-31	45	王家河公园	伍家岗区	否	0.098 5		
		YC-00-A-32	46	宝塔河小游园	伍家岗区	否	0.010 8		
		YC-00-A-33	47	万寿游园	伍家岗区	否	0.006 7		
		YC-00-A-34	48	合益园	伍家岗区	否	0.003 3		

续表

类型	要素类型	编码	地块编号	名称	所属行政区	是否属于生态保护红线区	面积/km^2	示意图	管控制度
水源涵养生态功能控制线	宜昌市永久性保护绿地、山体和水域	YC-00-A-35	49	滨江公园（下段）	伍家岗区	否	0.240 7		《宜昌市城区重点绿地保护条例》
		YC-00-A-37	51	城东公园	伍家岗区	否	0.457 8		
		YC-00-A-38	52	白马山公园	伍家岗区	否	0.218 3		
		YC-00-A-39	53	求雨台公园	伍家岗区	否	0.591 4		
		YC-00-A-40	54	柏临河湿地公园	伍家岗区、夷陵区	否	1.03		
		YC-00-A-41	55	求索广场	伍家岗区	否	0.132		
		YC-00-A-42	56	东辰体育公园	伍家岗区、宜昌高新区	否	0.16		
		YC-00-A-52	66	城乡路山体	伍家岗区	否	1.213 8		
		YC-00-A-53	67	双城路山体	伍家岗区	否	0.249 2		

续表

类型	要素类型	编码	地块编号	名称	所属行政区	是否属于生态保护红线区	面积/km^2	示意图	管控制度
水源涵养生态功能控制线	宜昌市永久性保护绿地、山体和水域	YC-00-A-43	57	葛洲坝大江防淤堤	点军区	是	0.071 2		《宜昌市城区重点绿地保护条例》
		YC-00-A-44	58	磨基山公园（原名：磨基山森林公园）	点军区	否	1.175 9		《宜昌市城区重点绿地保护条例》
		YC-00-A-45	59	卷桥河公园（含孝子岩山体部分）	点军区	否	1.144 5		
		YC-00-A-54	68	李家湾山体	点军区	否	0.189 3		
		YC-00-A-55	69	五龙山体	点军区	否	3.144 2		
		YC-00-A-56	70	四方山	点军区	否	2.623 1		

续表

类型	要素类型	编码	地块编号	名称	所属行政区	是否属于生态保护红线区	面积/km^2	示意图	管控制度
水源涵养生态功能控制线	宜昌市永久性保护绿地、山体和水域	YC-00-A-58	72	荆门山山体（点军部分）	点军区	否	4.204 8	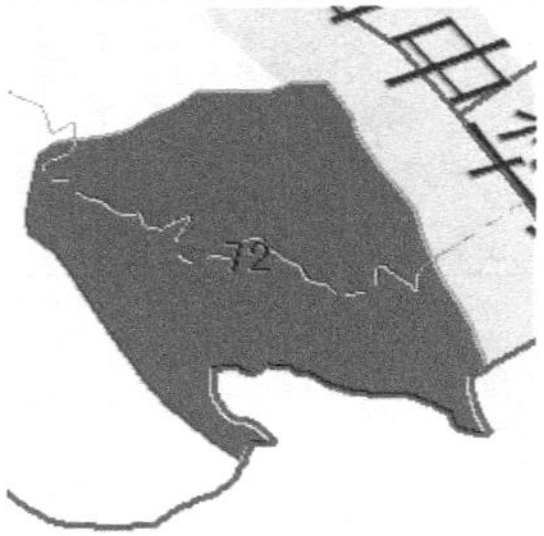 72	《宜昌市城区重点绿地保护条例》
		YC-00-A-46	60	猇亭古风乐园	猇亭区	否	0.048 0	 古老背街道 云池	
		YC-00-A-47	61	六泉湖公园（原名：六眼冲公园）	猇亭区	否	3.805 0		
		YC-00-A-48	62	鸡山公园	猇亭区	否	0.114 2		
		YC-00-A-28/A-36	42/50	运河公园（含运河水体及原运河生态公园）	宜昌高新区东山园区、伍家岗区、夷陵区	否	0.374 6	 东山科技创业园	
		YC-00-A-49	63	东山科技展览公园	宜昌高新区东山园区	否	0.138 8	56	

续表

类型	要素类型	编码	地块编号	名称	所属行政区	是否属于生态保护红线区	面积/km^2	示意图	管控制度
水源涵养生态功能控制线	宜昌市永久性保护绿地、山体和水域	YC-00-A-57	71	白洋山体	宜昌高新区白洋工业园	否	4.883 9		《宜昌市城区重点绿地保护条例》
生物多样性维护生态功能控制线	省级自然保护区/省级自然保护小区	YC-00-B-01	1	湖北宜昌长江中华鲟自然保护区（中心城区段）	西陵区	是	1.76		《中华人民共和国自然保护区条例》《在国家级自然保护区修筑设施审批管理暂行办法》《野生植物保护条例》
					伍家岗区	是	8.26		
					点军区	是	12.55		
					猇亭区	是	8.17		
					宜昌高新区白洋工业园	部分属于	13.71		
		YC-01-B-02	2	西陵白鹭自然保护小区	西陵区	否	0.61（10*）		

续表

类型	要素类型	编码	地块编号	名称	所属行政区	是否属于生态保护红线区	面积/km^2	示意图	管控制度
生物多样性维护生态功能控制线	省级自然保护区/省级自然保护小区	YC-03-B-03	3	文佛山自然保护小区	点军区	否	10		《中华人民共和国自然保护区条例》《在国家级自然保护区修筑设施审批管理暂行办法》《野生植物保护条例》
		YC-03-B-04	4	车溪自然保护小区	点军区	是	4.81	土城乡	
		YC-04-B-05	5	猇亭白鹭自然保护小区	猇亭区	部分属于（善溪冲水库区域）	3.33		

续表

类型	要素类型	编码	地块编号	名称	所属行政区	是否属于生态保护红线区	面积/km^2	示意图	管控制度
生物多样性维护生态功能控制线	省级自然保护区/省级自然保护小区	YC-04-B-06	6	猇亭小鹿自然保护小区	猇亭区	否	2.13	天湖自然保护小区 鹿自然保护小区 虎牙街道	《中华人民共和国自然保护区条例》《湖北省森林和野生动物类型自然保护区管理办法》
		YC-04-B-07	7	天湖自然保护小区	猇亭区	否	5.76		
		YC-00-B-08	8	四陵坡白鹭自然保护小区	宜昌高新区白洋工业园	部分属于（善溪冲水库区域）	10	地块1 地块2	

续表

类型	要素类型	编码	地块编号	名称	所属行政区	是否属于生态保护红线区	面积/km^2	示意图	管控制度
生物多样性维护生态功能控制线	省级自然保护区/省级自然保护小区	YC-01-B-09	9	西陵峡口猕猴自然保护小区	西陵区	部分属于	1.32（10*）		《中华人民共和国自然保护区条例》《湖北省森林和野生动物类型自然保护区管理办法》
	国家级风景名胜区	YC-00-B-10	10	长江三峡风景名胜区西陵峡景区（风景名胜区非核心区范围）	西陵区、点军区长江江段	是（葛洲坝上游江段）	9.95		《风景名胜区条例》《湖北省风景名胜区条例》
		YC-00-B-11	11	长江三峡风景名胜区西陵峡景区（中心城区部分）	西陵区、点军区	是	27.65		

续表

类型	要素类型	编码	地块编号	名称	所属行政区	是否属于生态保护红线区	面积/km^2	示意图	管控制度
生物多样性维护生态功能控制线	国家级风景名胜区	YC-00-B-12	12	长江三峡风景名胜区车溪景区	点军区	是	25.83		《风景名胜区条例》《湖北省风景名胜区条例》
	国家级地质公园	YC-00-B-13	13	长江三峡（湖北）国家地质公园西陵峡园区（西陵、点军部分）	西陵区、点军区	部分属于	21.94		《地质遗迹保护管理规定》《湖北省地质环境管理条例》
湖泊湿地洪水调蓄生态功能控制线	重要水库	YC-01-E-01	14	葛洲坝水利枢纽—水库工程（含黄柏河永久性保护水域**）	西陵区、点军区、夷陵区	部分属于	4.95		《湖北省水库管理办法》《湖北省湖泊保护条例》《水库大坝安全管理条例》《湖北省实施〈中华人民共和国防洪法〉办法》《关于加强蓄滞洪区建设与管理若干意见》《黄柏河永久性保护水域同时执行宜昌市城区重点绿地保护条例》

注：*括号内为批复面积，括号外为实测面积；**黄柏河永久性保护水域位于西陵区、夷陵区，总面积为 1.615 6 km^2。

生态保护红线区原则上按禁止开发区域的要求进行管理，严禁不符合主体功能定位的各类开发活动，严禁任意改变用途，确保生态功能不降低、面积不减少、性质不改变。生态保护红线区执行国家及湖北省制订的生态保护红线管理制度。

规划实施期内，若现有各类法定自然保护地范围与面积依法发生调整，按照调整后的方案纳入生态功能控制线进行管理。新设立的自然保护区、风景名胜区、集中式饮用水水源保护区、森林公园、地质公园、湿地公园、生态公益林等法定自然保护地自动纳入生态功能控制线管理，生态功能控制区内其他类型地块的调整需经过市人大常委会审议批准。

为最大限度地降低开发建设活动对生态功能控制区的不利影响，对环境准入清单的执行制订了以下规定（见表 6-9）：

（1）本准入清单适用于非法定自然保护地，包括水源涵养功能重要区、土壤保持功能重要区、土壤侵蚀敏感区等，未予准入的开发建设活动不允许建设。

（2）允许开展的建设活动必须符合法律法规的相关规定，并具备相应批准层级政府或行业主管部门的批准文件。

（3）生态功能控制区内开发建设应同步制定拟实施项目的生态修复方案，尽量少占生态空间。生态功能控制区内单个项目建设用地面积原则上不得超过 1 km^2（对因临时占地，项目施工结束后完全恢复为原生自然生态环境的区域，其相应面积可予以扣减），用地面积超过 1 km^2 的单个开发建设活动应按照“功能不降低、性质不改变、面积不减少”的原则编制生态补偿和修复方案以及论证报告，通过市环委会办公室组织的专家评审后，市人民政府批准同意后方可实施。生态补偿和修复内容纳入建设项目竣工环保“三同时”验收。

（4）按照高功能区域高标准保护的原则，与生态保护红线区重叠的区域执行国家及湖北省生态保护红线管理制度，与法定自然保护地重叠的区域执行法定自然保护地法律法规及主管部门发布的管理制度，以上区域不执行环境准入清单制度；林地、草地、河流等自然生态空间应同时执行相关法律法规及管理制度。生态功能重叠区域查询及相关分析可依托《环境控规》信息管理与应用系统实现。

（5）非法定自然保护地内林地、草地、河流等自然生态空间和自然资源应同时执行相关法律法规及管理制度，如天然林地应同时执行《湖北省天然林保护条例》等规定，河流应同时执行《水法》《水污染防治法》《河道管理条例》《地表水环境质量标准》及水环境功能区划等规定。

（6）环境准入清单作为生态功能控制线管理制度的重要组成部分，应纳入地方经济社会发展规划及相关专项规划，在项目规划选址、用地预审、环境影响评价、排污许可、水土保持、排污口设置、取水许可等审批环节予以把关。

表 6-9　中心城区生态功能控制区非法定自然保护地环境准入清单

序号	类别	允许开发建设活动
1	生态环境保护	天然林保护、植树造林、生态林业、森林抚育、退化林修复、林业病虫害防治
		退耕还林还草、退渔还湖、退牧还草
		水土流失治理、地质灾害治理
		自然保护地、珍稀濒危物种及其栖息地、种质资源保护区、湿地系统等重要生态功能区的保护和建设
		生态护坡及生态护岸建设、水资源保护
		自然景观、自然生态系统、地质遗迹及历史文化遗迹的修复与保护
		河流、湖泊、水库等水体生态环境整治
		污染场地治理与修复
		生态环境保护能力建设项目
		其他改善和提升生态环境质量的项目
2	旅游开发	生态旅游（禁止大规模房地产开发及城镇化建设）
		绿色康养产业（禁止大规模房地产开发及城镇化建设）
3	资源开发与供应	油气输送管道
		太阳能发电（光伏发电）
		地热资源开发利用
		加油站、加气站
		输变电工程
		矿产地质勘查（禁止抽排水量大的探矿、重金属矿探矿）
4	民生工程	贫困地区生态种养业（禁止 25°以上陡坡地、大中型水库周边汇水区 20°以上陡坡地开垦种植农作物）
		自来水生产和供应、自来水输送管道、排水管道及配套设施
		农村地区污水治理设施、生活垃圾转运站、农业包装物收集转运设施
		农业固体废物资源化综合利用
		地方特色动植物种质资源保育、农村地区农产品就地初加工（烟叶、茶叶、蔬菜、水果等）
		农村地区住房改造、原住居民安置房及住宅小区建设、学校及幼儿园等公益设施建设
		殡葬业、陵园、公墓
		科学研究、观测、无线电通信、气象探测
		区域、工程及环境地质勘查

续表

序号	类别	允许开发建设活动
5	重大基础设施	公路建设
		铁路及铁路枢纽
		港口、码头工程
		机场建设
		城市轨道交通工程
		桥梁、隧道工程
		仓储物流（禁止建设危化品仓储、危险废物贮存项目）
		地下管廊工程
		防洪工程、农田灌溉和排水工程、蓄水及引水工程
6	其他	国防、军事等特殊用途设施建设
		省级及以上重大战略资源勘查
		国家级重大开发建设活动

二、生态功能黄线区管控制度

中心城区生态功能控制线以外的其他重要的生态功能区划定为生态功能黄线区，总面积为20.61 km^2，主要包括长江支流及其河滨带、湖泊及水库湖滨带及其他经评价确定的生态功能重要区。生态功能黄线区对产业布局、城镇建设、资源开发、项目建设实行限制性管控，在满足相关法律法规要求的前提下，执行环境准入负面清单制度。中心城区生态功能黄线区地块清单及环境准入负面清单见表6-10、表6-11。

表6-10　中心城区生态功能黄线区地块清单

自然生态要素	地块编号	地块名称	地理位置	面积/km^2
主要河流河滨带	1	西陵区长江干流河滨带	西陵区	1.01
	2	伍家岗区长江干流河滨带	伍家岗区	3.59
	3	点军区长江干流河滨带	点军区	4.67
	4	猇亭区长江干流河滨带	猇亭区	3.75
水源涵养及土壤保持功能重要区、土壤侵蚀敏感区	5	点军区土壤保持及水源涵养功能重要区	点军区	6.19
	6	猇亭区善溪冲水库上游水源涵养功能重要区	猇亭区	1.86
	7	宜昌高新区土壤侵蚀敏感区	宜昌高新区	2.54
合计				23.61

表 6-11　中心城区生态功能黄线环境准入负面清单

序号	类别	限制开发建设项目
1	基础设施建设	危险废物和医疗废物处置设施、污水处理厂、垃圾填埋场
2	农林业	毁林开荒、伐木、25°以上陡坡地开垦种植农作物、规模化畜禽养殖
3	资源能源开发	露天采矿、采砂、取土、地下水抽排水量大地下勘探和采矿项目
		引水式水力发电站、径流式水电站、抽水蓄能电站
4	工业	石化、化工、医药、建材以及渣场、尾矿库等重污染、高环境风险项目
5	其他	破坏主导生态环境功能的其他开发建设活动

三、生态功能绿线区管控制度

生态功能绿线区为生态功能控制区、黄线区以外的区域，主要包括：城镇规划建设区、乡镇人口集中区、工业园区、基本农田、耕地等合法的开发建设区域，总面积为533.05 km^2，占中心城区国土面积的52.81%。生态功能绿线区按照一般管控区进行管理，严格执行生态环境保护、土地管理等法律法规和规划，对国土资源实现高效集约利用。

第七章　水环境质量分区管控

第一节　水环境质量分区细化原则

按照《环境总规》确定的水环境控制单元分区管理、饮用水水源地优先保护、高功能水体重点保护的原则，参照“三线一单”技术指南，细化中心城区水环境质量分级管控体系的边界和管控措施，具体细化原则如下：

（1）《环境总规》划定的水环境红线区面积原则上不减少；

（2）饮用水水源地优先保护，乡镇级及以上集中式饮用水水源地径流区水质单元全部划为红线区，包含了一级和二级饮用水水源保护区（一级饮用水水源保护区是指取水口外半径 300 m 范围的水域和取水口侧正常水位线以上 200 m 的陆域；二级饮用水水源保护区是指取水口外全部库区水域及入库河流上溯 3 000 m 的水域和水库周边山脊线以内及入库河流上溯 3 000 m 的汇水区域）；

（3）Ⅱ类水体重点保护，兼顾城镇社会、经济发展要求。流经城镇水质目标为Ⅱ类的河流湖库汇流水质单元，以工业源为主的汇流水质单元，水质目标为Ⅲ类及以下、现状水质超标的汇流水质单元纳入黄线区管理；

（4）水环境质量绿线区为红线区及黄线区以外的区域，主要包括：水质目标为Ⅲ类及以下、现状水质达标、环境容量富余的汇流水质单元；

（5）按照分区分级管理的原则，水环境质量红线区原则上按水环境优先保护区的要求进行管理，黄线区原则上按水环境重点管控区的要求进行管理。其中，红线内法定自然保护地域（如集中式生活饮用水水源地、源头水、自然保护区等）按照相关法规进行管理，红线及黄线内非法定自然保护地域根据控制单元水质目标和主体功能区规划要求，制订相应管控措施。水环境质量绿线区按照一般管控区进行管理。

第二节 水环境质量分区细化方法与结果

一、技术路线

遵循“上下结合、横向整合”的技术方法，首先，明确国家、湖北省、宜昌市等上位政策规划对水环境质量红线的要求以及宜昌市中心城区城市空间扩展、产业结构调整等社会经济发展需求；其次，进行各规划基础数据特别是自然资源和规划、林业和园林等规划与环境总规规划空间数据的校核，将不同比例尺不同来源数据汇集并整合、统一坐标共用底图；再次，将空间上山水林田湖等相关规划的目标范围进行融合加以协调，比如高功能水体流经城镇及工业园区控制单元不纳入水环境质量红线区，与城乡规划的禁止开发及限制开发基本一致；最后，对于划定的水环境质量红线区提出切合实际的产业与城镇建设管控要求，以及质量维护与提高的环境监管需求，水环境质量红线控制性规划技术路线见图 7-1。

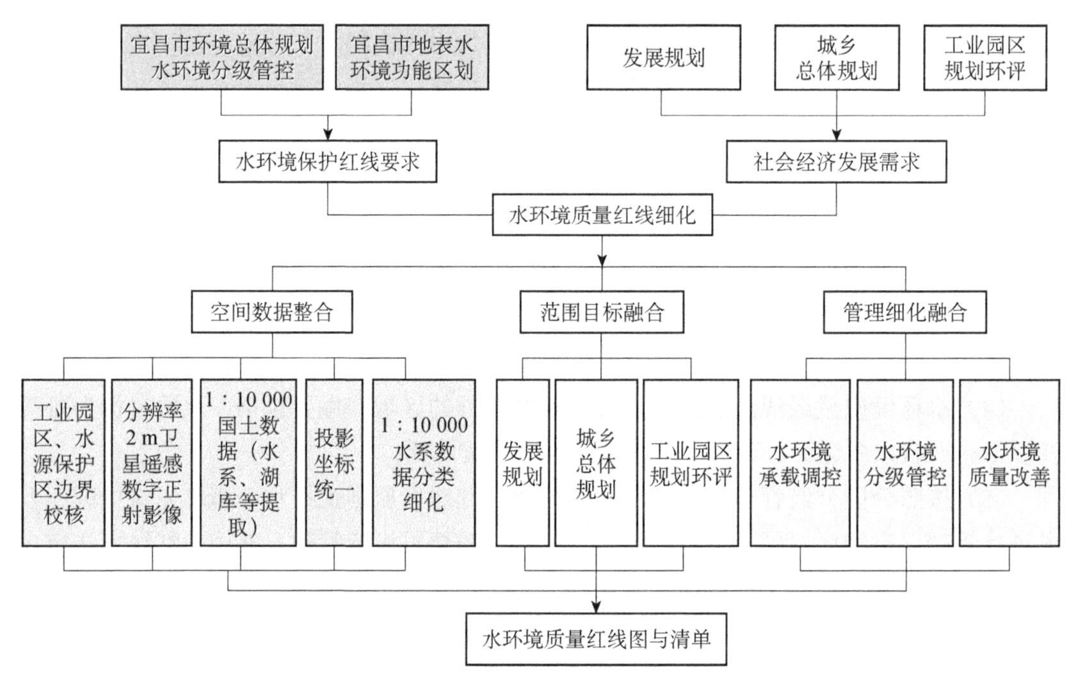

图 7-1 水环境质量红线控制性规划技术路线

二、细化内容

（一）汇水单元边界调整

依据《环境总规》划定的中心城区水环境质量分区管控图（见图 7-2），在 30 m×30 m 的 DEM 数据基础，基于平面曲率与坡形组合法提取山脊（谷）线的技术路线见图 7-3。结合中心城区山体阴影渲染和山脊线图（见图 7-4），人工优化山地丘陵地区的汇水单元边界，结合乡镇边界划分和山前丘陵山脊线优化河谷地区的汇水单元边界，形成较大汇水单元 163 个，作为水环境控制单元的地理基础单元，具体优化成果见图 7-5。

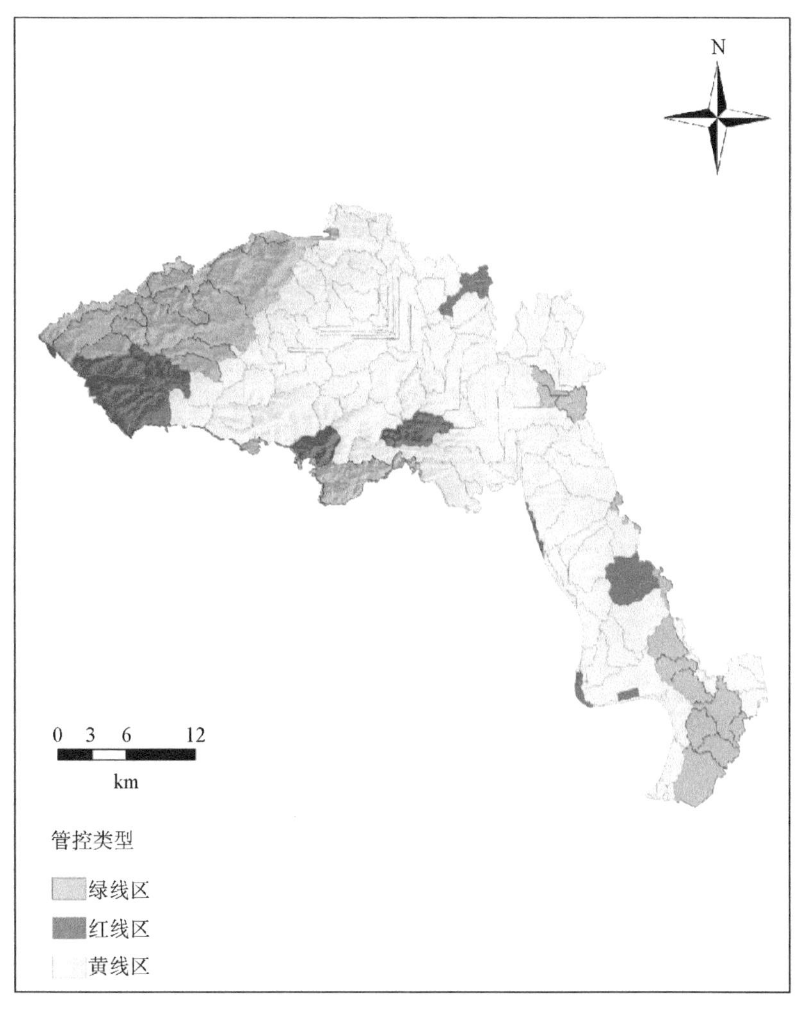

图 7-2　《环境总规》中心城区水环境质量分区管控

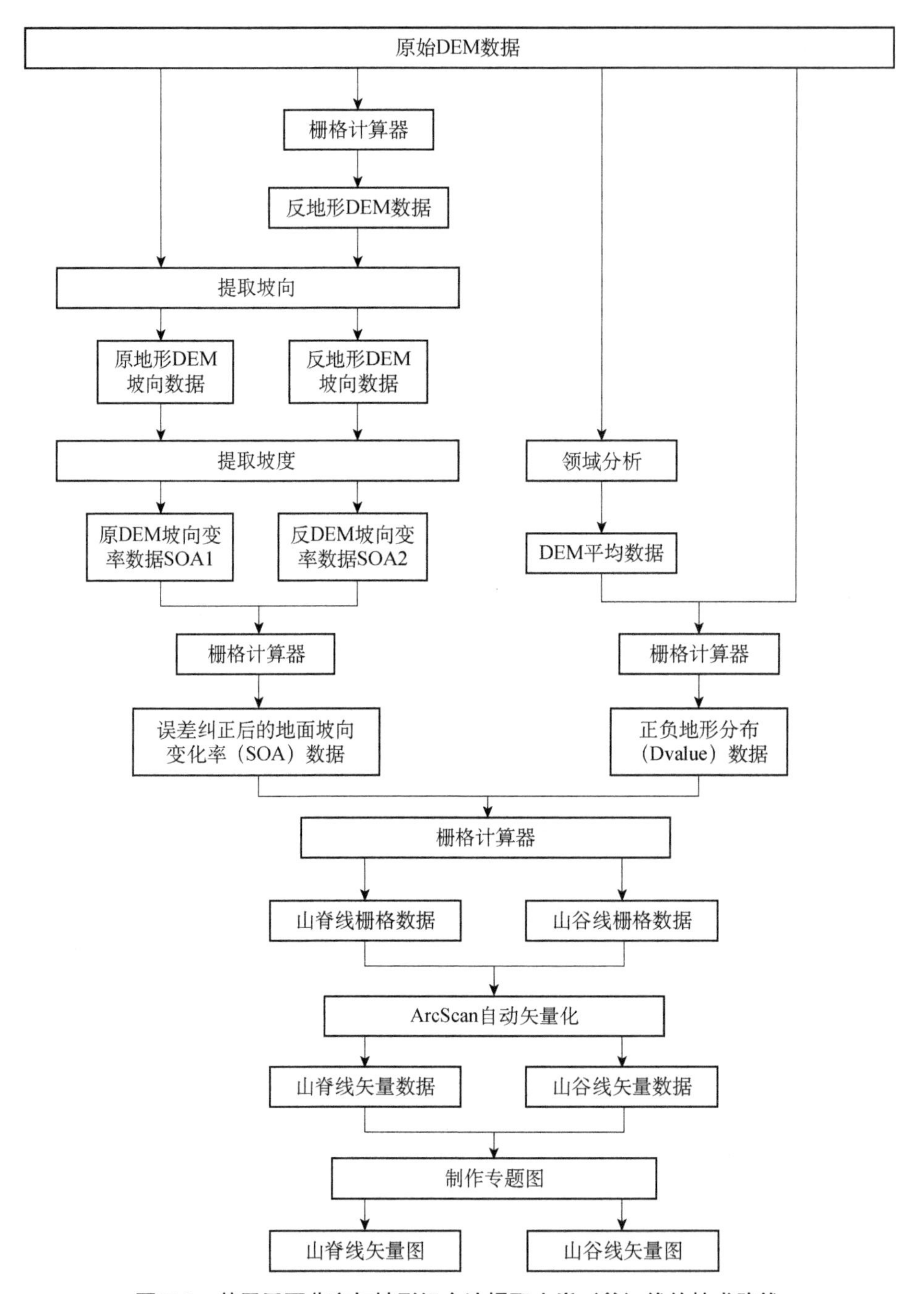

图 7-3　基于平面曲率与坡形组合法提取山脊（谷）线的技术路线

图 7-4　中心城区山体阴影渲染和山脊线

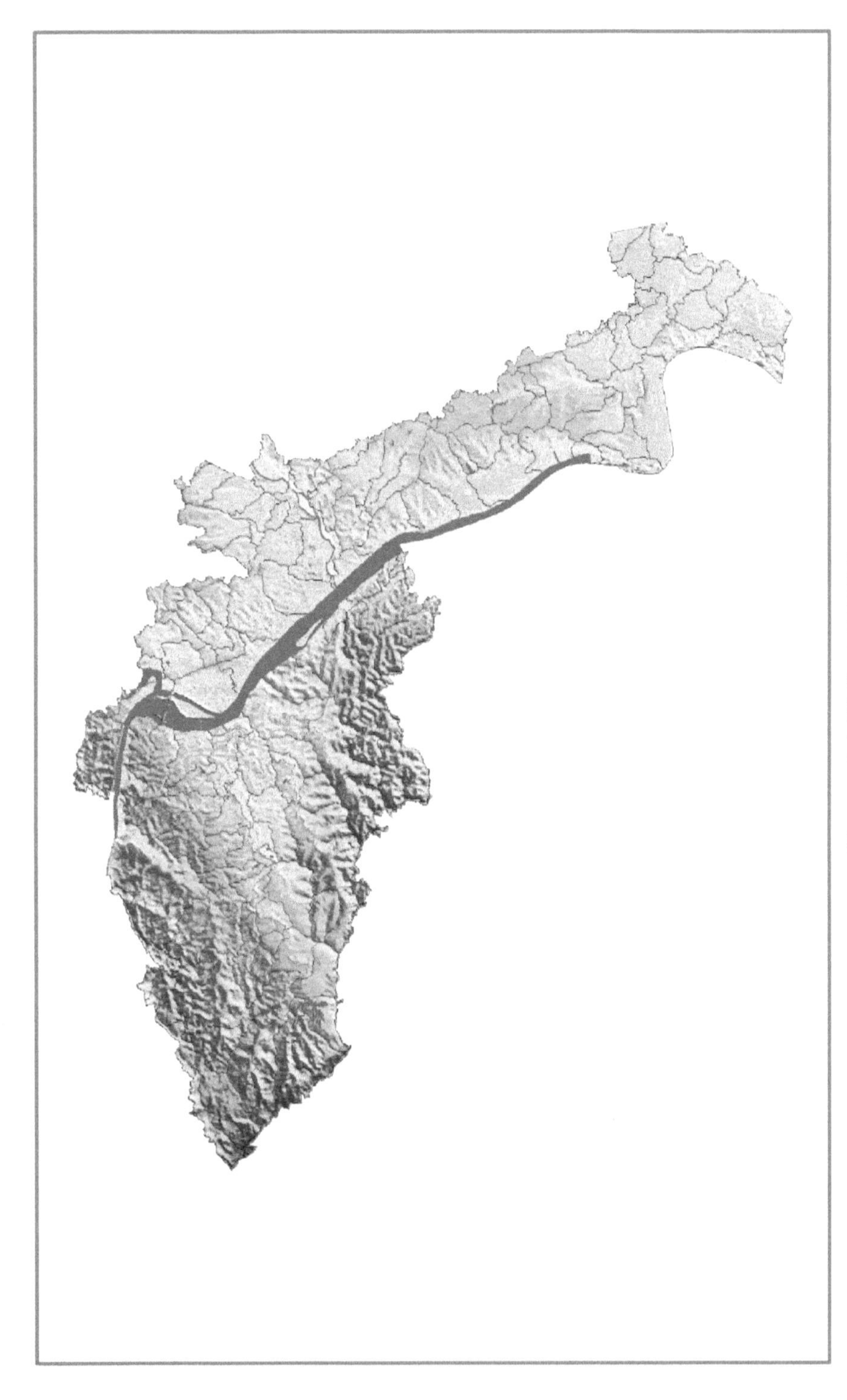

图 7-5　中心城区汇水边界优化

（二）饮用水水源地所在水质控制单元校核

按照《环境总规》对水环境质量红线的划定要求，所有的乡镇级及以上集中式饮用水水源保护区所在的水质控制单元均应纳入水环境质量红线区，村级饮用水水源地所在的水质控制单元全部纳入黄线区。宜昌市中心城区 6 个乡镇级及以上集中式饮用水水源地见表 7-1，41 个村级饮用水水源地见表 7-2。

表 7-1　中心城区乡镇级及以上集中式饮用水水源地

行政区	乡镇级以上水源地	级别	取水口经纬度	
			东经	北纬
宜昌高新区	窑湾水厂备用水源地	县级	111°31′76.57″	30°71′711″
猇亭区	善溪冲水库水源保护区	县级	111°48′52.98″	30°49′425″
点军区	葛洲坝四公司供水公司西坝水厂水源地保护区	县级	111°26′36.09″	30°74′142″
点军区	楠木溪水库水源保护区	县级	111°20′98.49″	30°61′219″
点军区	王家坝水库饮用水水源地	乡镇级	111°07′06.911″	30°64′511″
点军区	七里冲水库饮用水水源地	乡镇级	111°30′09.305″	30°62′087″

表 7-2　村级饮用水水源地（点军区，其他区已集中供水）

序号	村级水源地	所在地	供水人数/万人	水源地	取水口经纬度	
					东经	北纬
1	水库管理站集中供水工程	楠木溪村	0.04	楠木溪水库	111°14′11″	30°37′31″
2	湾潭安全饮水集中供水工程	泉水村	0.14	长岭河	111°09′17″	30°37′40″
3	引楠入桥工程	桥河村	0.14	楠木溪水库	111°14′11″	30°37′31″
4	艾家水厂	大栗树社区	0.35	七里冲水库	111°18′23″	30°37′06″
5	艾家村饮水安全工程	艾家村	0.156	七里冲水库	111°18′23″	30°37′06″
6	柳林村 1-4 组集中供水工程	柳林村	0.056	柳林村三组三块石	111°20′47″	30°35′37″
7	七里村 5 组、2 组集中供水工程	七里村	0.025	七里冲水库	111°18′23″	30°37′06″
8	七里村 1 组桃家坳集中供水工程	七里村	0.026	七里冲水库	111°18′23″	30°37′06″

续表

序号	村级水源地	所在地	供水人数/万人	水源地	取水口经纬度	
					东经	北纬
9	袁家坳供水工程	朱家坪村	0.065	土城乡高岩村塘堰	111°05′49″	30°44′16″
10	油场坡供水工程	双堰口村	0.078	土城乡高岩村塘堰	111°05′49″	30°44′16″
11	朱家坪八斗方片区供水工程	双堰口村	0.085	土城乡高岩村塘堰	111°05′49″	30°44′16″
12	朱家坪天王寺片区供水工程	天王寺村	0.148	土城乡高岩村塘堰	111°05′49″	30°44′16″
13	王家坳供水工程	新村	0.08	土城乡高岩村塘堰	111°11′44″	30°45′01″
14	新村村委会供水工程	新村	0.042	新村村流水沟	111°11′44″	30°45′01″
15	倒河坝供水工程	石堰村	0.041	倒河坝	111°12′29″	30°42′53″
16	李家坝村白日坡水厂	李家坝村	0.2	车盘水库	111°06′42″	30°40′38″
17	李家坝村高家岭水厂	李家坝村	0.1	童家河	111°04′39″	30°40′52″
18	安梓溪村梓相坪水厂	安梓溪村	0.2	梓相坪水库	111°06′52″	30°37′29″
19	茅家店村陈家老屋供水工程	茅家岭村	0.1	大山坡山泉水	111°02′33″	30°37′22″
20	茅家店村罗家包供水工程	茅家岭村	0.2	大山坡山泉水	111°02′33″	30°37′22″
21	车溪村鹰子岩供水工程	车溪村	0.1	纸厂湾山泉水	111°00′53″	30°41′10″
22	车溪村艾家坡供水工程	车溪村	0.1	纸厂湾山泉水	111°00′53″	30°41′10″
23	车溪村张家包供水工程	车溪村	0.2	纸厂湾山泉水	111°00′53″	30°41′10″
24	车溪村大松林供水工程	车溪村	0.1	纸厂湾山泉水	111°00′53″	30°41′10″
25	穿心店村谭家岭水厂	穿心店村	0.1	山溪水	111°00′21″	30°39′39″

续表

序号	村级水源地	所在地	供水人数/万人	水源地	取水口经纬度	
					东经	北纬
26	穿心店村大石门水厂	穿心店村	0.2	狮子山山泉水	111°00′46″	30°39′41″
27	黄家岭村干沟供水工程	黄家岭村	0.2	干沟山泉水	111°01′56″	30°38′00″
28	黄家岭村提天堰供水工程	黄家岭村	0.1	天堰山泉水	111°00′29″	30°38′45″
29	花栗树村水井槽供水工程	花栗树村	0.1	打纸沟山溪水	111°58′56″	30°40′40″
30	花栗树村三涧溪提水工程	花栗树村	0.2	三涧溪	111°03′46″	30°42′06″
31	三涧溪村陈家沟供水工程	三涧溪村	0.15	狮子口山泉水	111°04′51″	30°41′31″
32	三涧溪村岔河滩供水工程	三涧溪村	0.15	五爪洞山泉水	111°03′39″	30°42′23″
33	三岔口村凤凰岭供水工程	三岔口村	0.1	白云山山泉水	111°58′35″	30°41′28″
34	三岔口村车溪提水工程	三岔口村	0.2	车溪河	111°00′53″	30°41′10″
35	高岩村潮水洞供水工程	高岩村	0.13	潮音洞山泉水	111°05′13″	30°44′07″
36	望洲坪村凤凰岭供水工程	望洲坪村	0.2	白云山山泉水	111°58′35″	30°41′28″
37	望洲坪村朱家冲供水工程	望洲坪村	0.2	朱家冲堰塘	111°59′05″	30°41′57″
38	落步淌村水井槽供水工程	落步淌村	0.2	陈家湾山泉水	111°59′24″	30°40′16″
39	落步淌村横墩供水工程	落步淌村	0.2	山泉水	111°58′55″	30°40′41″
40	席家淌村凤凰岭供水工程	席家淌村	0.15	簸箕湾山泉水	111°58′06″	30°41′58″
41	席家淌村席家淌供水工程	席家淌村	0.15	山泉水	111°02′02″	30°43′14″

依据以上水源地信息，校核宜昌市中心城区水源地信息，新增1个县级集中式饮用水水源地——葛洲坝四公司供水公司西坝水厂水源地，新增41个乡村分散式饮用水水源地，校核结果见图7-11。

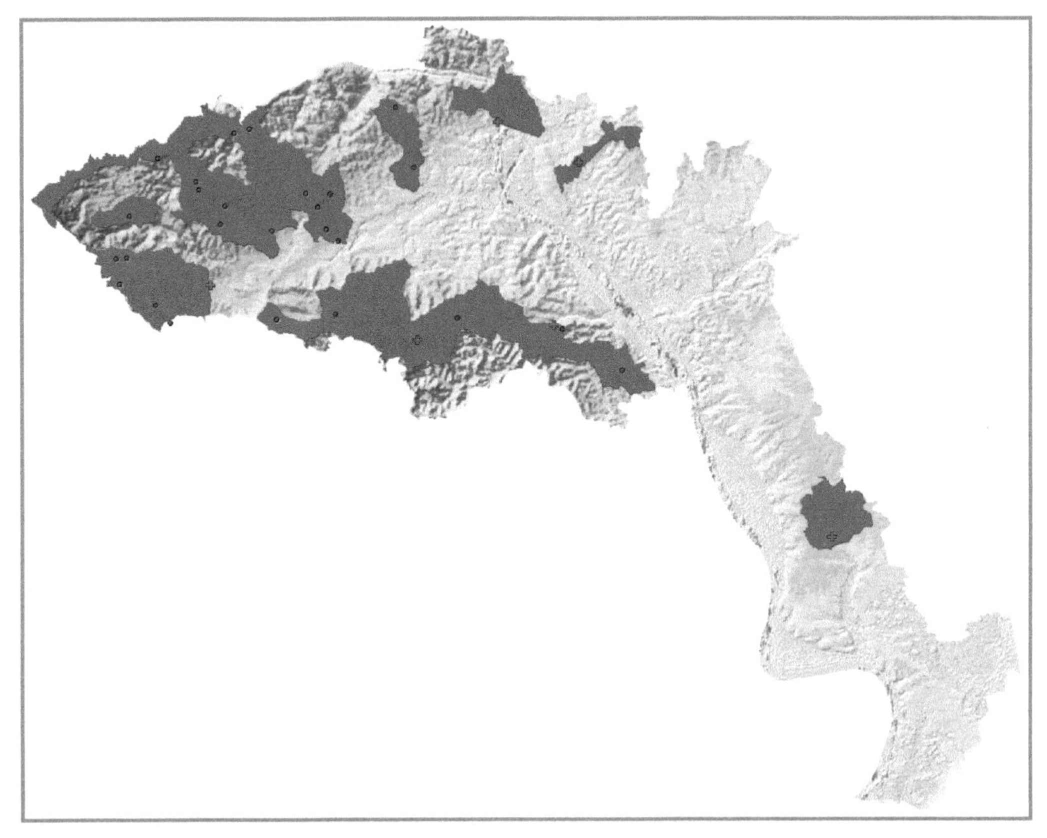

图7-6　村级及以上饮用水水源地在水环境质量分区管控体系中位置（红色区域）

（三）控制单元水环境容量校核

依据宜昌市中心城区水系河道多年平均径流深，计算各乡镇、高新区各园区的COD、NH_3-N和TP的水环境理论容量见表7-3。

表7-3　中心城区各乡镇、高新区水环境理论容量　　单位：kg

类型	乡镇、工业园区名称	COD	NH_3-N	TP
乡镇	窑湾街道	151 275.4	7 563.78	1 512.75
	长江三峡风景名胜区宜昌管理局	204 320.4	8 662.02	1 732.39

续表

类型	乡镇、工业园区名称	COD	NH_3-N	TP
乡镇	湖北西陵经济技术开发区	128 909.2	5 404.22	1 080.83
	宜昌开发区	137 937.7	6 129.54	1 225.9
	建城区	277 339.6	13 712.77	2 742.56
	伍家乡	1 036 545	51 827.25	10 365.43
	点军街道	936 897.1	45 120.81	9 024.15
	联棚乡	1 758 529	86 218.83	17 243.71
	桥边镇	2 247 023	112 029.2	22 405.84
	艾家镇	899 987.4	42 485.45	8 497.08
	土城乡	2 866 869	132 942.1	26 588.47
	古老背街道	288 862.8	13 811.77	2 762.35
	虎牙街道	697 981.1	33 807.9	6 761.57
	云池街道	659 147.7	28 949.32	5 789.88
宜昌高新区*	电子信息产业园	693 450.7	34 672.55	6 934.51
	宜昌生物产业园区	446 569.7	22 328.52	4 465.66
	白洋工业园	1 595 306	74 414.78	14 882.9
	东山园区	187 389.2	8 602.12	1 720.41

注：*为中心城区各乡镇与高新区部分区域重合，中心城区的水环境理论容量略小于中心城区各乡镇与高新区容量的加和。

依据以上成果对中心城区水环境控制单元（163 个）进行水环境容量分配，各水环境控制单元环境容量见表 7-4。

表 7-4　中心城区水环境控制单元环境容量　　单位：kg

水质单元编码	COD	NH_3-N	TP
yz0001	1.450 82	0.072 54	0.014 51
yz0002	12.028 07	0.509 92	0.101 98
yz0003	24.862 91	1.054 05	0.210 81
yz0004	30.839 61	1.307 42	0.261 48
yz0005	21.135 14	1.053 73	0.210 75
yz0006	635.325 2	31.675 25	6.335 05

续表

水质单元编码	COD	NH_3-N	TP
yz0007	26.208	1.098 71	0.219 74
yz0008	11.066 34	0.538 59	0.107 72
yz0009	0.686 64	0.034 33	0.006 87
yz0010	5.413 61	0.269 9	0.053 98
yz0011	175.317	8.129 78	1.625 96
yz0012	25.000 7	1.159 33	0.231 87
yz0013	60.165 9	2.751 41	0.550 28
yz0014	68.830 1	3.270 6	0.654 12
yz0015	5.116 61	0.255 83	0.051 17
yz0016	115.216 5	5.744 32	1.148 86
yz0017	136.896 4	6.825 21	1.365 04
yz0018	64.937 85	3.237 59	0.647 52
yz0019	3.713 62	0.185 68	0.037 14
yz0020	259.939 4	12.053 88	2.410 78
yz0021	119.934 2	5.789 2	1.157 84
yz0022	75.504 77	3.744 7	0.748 94
yz0023	258.602 8	11.991 9	2.398 38
yz0024	64.446 7	2.925 83	0.585 16
yz0025	46.353 97	2.134 19	0.426 83
yz0026	77.670 58	3.601 73	0.720 35
yz0027	110.670 6	5.461 88	1.092 37
yz0028	43.263 65	2.154 9	0.430 98
yz0029	59.070 63	2.953 54	0.590 7
yz0030	101.421 5	5.071 08	1.014 21
yz0031	142.142 7	7.088 16	1.417 63
yz0032	113.236 7	5.532 36	1.106 47
yz0033	146.936 1	7.148 23	1.429 64
yz0034	3.461 46	0.160 51	0.032 1
yz0035	52.255 35	2.612 77	0.522 55

续表

水质单元编码	COD	NH_3-N	TP
yz0036	99.439 45	4.966 16	0.993 23
yz0037	101.429 5	4.703 48	0.940 7
yz0038	74.615 13	3.724 48	0.744 9
yz0039	123.407 5	6.170 38	1.234 08
yz0040	192.649 9	9.623 89	1.924 78
yz0041	81.817 26	3.794 02	0.758 81
yz0042	85.121 08	4.256 06	0.851 21
yz0043	115.066 3	5.335 84	1.067 17
yz0044	43.203 05	2.160 16	0.432 03
yz0045	74.553 63	3.727 69	0.745 53
yz0046	91.344 54	4.559 25	0.911 85
yz0047	36.902	1.845 1	0.369 02
yz0048	158.999 2	7.634 7	1.526 94
yz0049	101.555 8	4.978 33	0.995 66
yz0050	166.951 4	18.088 57	0.993 27
yz0051	220.592 8	10.882 61	2.176 52
yz0052	88.629 2	4.109 9	0.821 98
yz0053	247.870 9	11.494 24	2.298 85
yz0054	117.204	5.434 97	1.087
yz0055	17.371 65	0.805 56	0.161 11
yz0056	176.830 5	8.199 97	1.64
yz0057	16.790 99	0.778 63	0.155 73
yz0058	23.051 26	1.152 56	0.230 51
yz0059	416.877 1	20.439 16	4.087 82
yz0060	131.218 7	6.084 86	1.216 97
yz0061	96.784 37	4.745 24	0.949 04
yz0062	126.965 9	5.887 65	1.177 53
yz0063	107.263 5	4.974 01	0.994 8
yz0064	66.340 07	3.305 79	0.661 16

续表

水质单元编码	COD	NH_3-N	TP
yz0065	154.757 9	7.737 89	1.547 58
yz0066	40.023 08	1.938 59	0.387 72
yz0067	97.394 04	4.540 59	0.908 12
yz0068	79.560 89	3.757 08	0.751 42
yz0069	86.681 59	4.026 89	0.805 38
yz0070	185.208 2	8.954 7	1.790 94
yz0071	3.099 55	0.143 73	0.028 75
yz0072	110.469 2	5.353 29	1.070 66
yz0073	4.008 35	0.185 87	0.037 17
yz0074	124.587 8	6.091 63	1.218 32
yz0075	197.08	9.303 5	1.860 7
yz0076	7.077 34	0.328 19	0.065 64
yz0077	33.498 38	1.578 83	0.315 77
yz0078	288.502 5	14.144 98	2.828 99
yz0079	3.456 64	0.160 29	0.032 06
yz0080	0.892 71	0.041 4	0.008 28
yz0081	33.043	1.580 93	0.316 19
yz0082	149.363 4	7.050 95	1.410 19
yz0083	44.147 86	2.084 08	0.416 81
yz0084	19.371 24	0.949 75	0.189 95
yz0085	151.804 4	7.321	1.464 2
yz0086	2.905 69	0.142 46	0.028 49
yz0087	8.026 39	0.378 9	0.075 78
yz0088	21.227 49	0.932 3	0.186 46
yz0089	238.689 8	11.457 19	2.291 43
yz0090	2.526 36	0.123 86	0.024 77
yz0091	1.034 85	0.050 74	0.010 15
yz0092	130.762 4	5.779 38	1.155 88
yz0093	64.830 81	2.902 48	0.580 5

续表

水质单元编码	COD	NH_3-N	TP
yz0094	25.426 07	1.166 47	0.233 29
yz0095	1.392 44	0.064 95	0.012 99
yz0096	33.849 75	1.515 61	0.303 12
yz0097	33.245 88	1.550 79	0.310 16
yz0098	18.431 68	0.859 77	0.171 95
yz0099	85.658 99	3.995 66	0.799 13
yz0100	7.084 79	0.330 48	0.066 1
yz0101	77.574 06	3.618 53	0.723 7
yz0102	52.817 66	2.463 74	0.492 75
yz0103	8.420 01	0.392 76	0.078 55
yz0104	16.702 11	0.779 09	0.155 82
yz0105	64.057 29	2.988 02	0.597 6
yz0106	45.213 91	2.109 05	0.421 81
yz0107	64.552 77	3.011 13	0.602 22
yz0108	65.394 56	3.050 4	0.610 08
yz0109	42.793 74	1.996 16	0.399 23
yz0110	100.703 1	4.697 4	0.939 48
yz0111	26.226 48	1.223 36	0.244 67
yz0112	82.780 13	3.861 37	0.772 27
yz0113	143.010 5	6.670 88	1.334 17
yz0114	63.306 42	2.953	0.590 6
yz0115	145.636	6.793 35	1.358 67
yz0116	59.330 35	2.767 53	0.553 5
yz0117	71.706	3.344 8	0.668 96
yz0118	0.248 25	0.011 58	0.002 32
yz0119	12.749 55	0.594 72	0.118 94
yz0120	0.424 98	0.019 82	0.003 96
yz0121	259.615 1	12.593 91	2.518 78
yz0122	100.182 8	4.425 36	0.885 07

续表

水质单元编码	COD	NH_3-N	TP
yz0123	109.978 7	4.830 19	0.966 04
yz0124	162.647 7	7.586 88	1.517 37
yz0125	22.338 97	1.020 09	0.204 02
yz0126	265.119 8	12.993 21	2.598 63
yz0127	185.577 3	9.094 92	1.818 98
yz0128	22.731 74	1.044 1	0.208 82
yz0129	61.458 94	2.673 53	0.534 7
yz0130	79.401 91	3.730 87	0.746 17
yz0131	131.152 6	6.176 18	1.235 24
yz0132	324.637 3	15.506 72	3.101 35
yz0133	14.103 05	0.673 2	0.134 64
yz0134	109.198 5	5.063 74	1.012 75
yz0135	9.285 94	0.397 53	0.079 51
yz0136	99.128 59	4.869 4	0.973 88
yz0137	140.364 1	6.629 63	1.325 92
yz0138	183.611 8	8.976 55	1.795 31
yz0139	53.710 93	2.586 71	0.517 34
yz0140	54.041 4	2.613 4	0.522 68
yz0141	122.847 3	6.067 89	1.213 58
yz0142	75.179 06	3.549 32	0.709 86
yz0143	212.504 4	10.607 36	2.121 47
yz0144	54.036 35	2.550 88	0.510 18
yz0145	140.574 3	6.636 05	1.327 21
yz0146	56.738 17	2.678 42	0.535 68
yz0147	12.808 42	0.640 42	0.128 08
yz0148	49.338 56	2.466 93	0.493 38
yz0149	47.741 61	2.360 53	0.472 11
yz0150	42.056 77	1.937	0.387 4
yz0151	134.581 8	6.729 09	1.345 81

续表

水质单元编码	COD	NH_3-N	TP
yz0152	56.045 93	2.793 52	0.558 7
yz0153	99.599 26	4.979 96	0.995 99
yz0154	30.689 21	1.448 74	0.289 75
yz0155	126.9	6.176 97	1.235 39
yz0156	90.885 51	4.499 97	0.899 99
yz0157	68.183 07	3.409 15	0.681 83
yz0158	230.051 5	10.459 3	2.091 86
yz0159	36.149 52	1.717 85	0.343 57
yz0160	53.334 59	2.487 85	0.497 57
yz0161	100.789 5	4.426 7	0.885 34
yz0162	42.167 54	2.002 73	0.400 55
yz0163	79.578 79	3.373 69	0.674 73

（四）控制单元水环境质量分区管控校核

依据 2015 年更新的国土调查数据（包括农村居住地面积、水田面积、城镇建设用地面积等）和工业环境统计数据，对 163 个水环境控制单元的农村生产生活、城镇生产生活污染排放进行测算。结合地表水环境质量达标状况，取理论容量的 60%确定为水环境承载力上线，水污染排放量超过水环境承载力上线的水质控制单元纳入水环境黄线区，低于水环境承载力上线现状达标的水质控制单元纳入水环境绿线区，校核结果见表 7-5。

表 7-5　中心城区水质控制单元污染物排放量测算　　单位：kg

编码	管控类型	COD	NH_3-N	TP
yz0001	黄线区	2 015.24	168.63	17.45
yz0002	绿线区	71.83	17.52	1.93
yz0003	绿线区	448.95	109.50	12.05
yz0004	黄线区	8 404.49	1 251.22	133.74
yz0005	绿线区	550.71	134.32	14.78
yz0006	绿线区	25 834.37	6 267.48	698.09

续表

编码	管控类型	COD	NH_3-N	TP
yz0007	红线区			
yz0008	黄线区	584 704.30	47 893.84	4 806.01
yz0009	黄线区	1 209.17	294.92	32.44
yz0010	绿线区	0.00	0.00	0.00
yz0011	绿线区	9 757.18	2 379.80	261.78
yz0012	绿线区	2 178.90	531.44	58.46
yz0013	黄线区	619 336.67	68 876.96	7 175.35
yz0014	黄线区	2 891 519.99	232 839.66	23 349.17
yz0015	黄线区	1 808.17	391.33	55.87
yz0016	绿线区	5 248.40	1 276.74	141.31
yz0017	绿线区	11 525.01	2 605.12	339.71
yz0018	黄线区	9 381.81	2 086.34	281.62
yz0019	黄线区	1 754.03	368.94	55.78
yz0020	绿线区	25 038.93	6 084.79	670.48
yz0021	黄线区	565 556.02	49 544.56	5 007.16
yz0022	黄线区	35 907.17	5 318.97	620.16
yz0023	绿线区	27 305.16	6 518.54	753.50
yz0024	黄线区	1 087 415.42	94 736.62	9 056.50
yz0025	黄线区	1 435 645.12	115 002.28	11 384.98
yz0026	绿线区	5 602.90	1 366.56	150.32
yz0027	黄线区	3 133 991.03	251 049.92	25 109.91
yz0028	黄线区	42 189.77	7 894.22	856.67
yz0029	黄线区	29 396.70	6 434.11	897.70
yz0030	黄线区	35 951.55	8 003.15	1 075.46
yz0031	黄线区	40 795.80	8 785.10	978.48
yz0032	黄线区	298 395.54	34 107.84	3 624.25
yz0033	黄线区	56 302.54	10 766.97	1 170.96
yz0034	红线区			
yz0035	黄线区	128 494.21	14 770.83	1 593.06
yz0036	黄线区	20 813.05	3 206.28	389.34

续表

编码	管控类型	COD	NH_3-N	TP
yz0037	黄线区	14 128.03	3 383.53	388.28
yz0038	黄线区	17 746.58	4 110.92	508.35
yz0039	黄线区	206 664.64	23 667.95	2 493.39
yz0040	黄线区	44 207.68	8 249.36	968.99
yz0041	红线区			
yz0042	黄线区	80 642.84	13 767.31	1 514.06
yz0043	绿线区	8 194.83	1 998.74	219.86
yz0044	黄线区	167 067.75	18 948.60	2 035.73
yz0045	黄线区	59 734.44	10 667.84	1 408.69
yz0046	绿线区	8 637.37	1 959.79	253.50
yz0047	黄线区	35 569.83	5 438.84	626.37
yz0048	黄线区	296 455.28	26 971.84	2 738.42
yz0049	黄线区	32 019.94	7 700.38	850.21
yz0050	黄线区	28 544.75	6 930.62	762.15
yz0051	黄线区	34 681.88	7 069.09	857.88
yz0052	绿线区	9 168.00	2 227.80	247.20
yz0053	红线区			
yz0054	黄线区	51 742.25	10 570.04	1 148.46
yz0055	红线区			
yz0056	红线区			
yz0057	红线区			
yz0058	黄线区	310 922.98	29 147.19	2 607.49
yz0059	绿线区	33 668.16	7 953.90	874.66
yz0060	红线区			
yz0061	绿线区	7 739.22	1 886.33	207.83
yz0062	黄线区	30 163.16	6 932.77	797.31
yz0063	红线区			
yz0064	绿线区	5 038.12	1 211.82	137.69
yz0065	黄线区	4 385 856.35	357 571.52	35 856.90
yz0066	黄线区	18 894.26	4 055.58	588.81

续表

编码	管控类型	COD	NH_3-N	TP
yz0067	绿线区	7 723.56	1 754.69	226.34
yz0068	红线区			
yz0069	绿线区	5 751.62	1 349.79	162.17
yz0070	黄线区	224 151.41	45 919.85	5 650.98
yz0071	绿线区	0.00	0.00	0.00
yz0072	黄线区	67 329.16	14 701.78	2 061.20
yz0073	绿线区	0.00	0.00	0.00
yz0074	黄线区	0.00	0.00	0.00
yz0075	绿线区	6 033.70	1 433.01	167.60
yz0076	绿线区	0.00	0.00	0.00
yz0077	绿线区	0.00	0.00	0.00
yz0078	绿线区	4 100.41	1 000.10	110.01
yz0079	绿线区	0.00	0.00	0.00
yz0080	绿线区	0.00	0.00	0.00
yz0081	绿线区	0.00	0.00	0.00
yz0082	绿线区	2 090.71	479.90	60.54
yz0083	绿线区	1 941.23	440.28	57.00
yz0084	绿线区	323.24	78.84	8.67
yz0085	黄线区	1 863 651.94	154 025.63	15 316.46
yz0086	绿线区	0.00	0.00	0.00
yz0087	绿线区	29.93	7.30	0.80
yz0088	黄线区	7 195.78	1 550.32	204.51
yz0089	黄线区	3 477 174.78	305 325.77	31 073.08
yz0090	绿线区	0.00	0.00	0.00
yz0091	红线区			
yz0092	黄线区	1 132 757.31	106 066.64	10 393.89
yz0093	红线区			
yz0094	黄线区	25 816.13	5 620.76	792.75
yz0095	黄线区	2 258.81	483.56	70.58
yz0096	黄线区	12 840.90	3 128.47	345.02

续表

编码	管控类型	COD	NH_3-N	TP
yz0097	黄线区	44 635.83	9 568.66	1 392.82
yz0098	黄线区	17 596.78	3 809.75	543.54
yz0099	黄线区	119 669.82	24 736.73	3 347.91
yz0100	黄线区	8 827.70	1 874.34	278.14
yz0101	黄线区	71 411.93	14 733.40	1 948.07
yz0102	黄线区	104 433.85	20 500.94	2 575.44
yz0103	黄线区	11 312.64	2 452.27	348.98
yz0104	黄线区	22 955.99	4 892.63	713.02
yz0105	黄线区	82 008.46	17 871.27	2 515.90
yz0106	黄线区	133 937.99	14 121.69	1 428.62
yz0107	黄线区	101 683.33	14 781.25	1 615.07
yz0108	黄线区	67 550.50	14 691.26	1 912.53
yz0109	黄线区	63 070.52	13 692.86	1 939.61
yz0110	黄线区	148 962.13	31 767.68	4 109.27
yz0111	黄线区	38 468.19	7 946.54	1 077.72
yz0112	黄线区	28 242.10	4 785.56	602.22
yz0113	黄线区	210 393.98	27 268.40	2 838.26
yz0114	黄线区	65 061.23	13 929.68	1 854.84
yz0115	黄线区	257 155.44	46 212.23	5 919.69
yz0116	黄线区	93 058.05	16 578.59	2 200.08
yz0117	黄线区	79 572.35	11 646.91	1 332.63
yz0118	红线区			
yz0119	黄线区	13 656.23	3 137.71	391.65
yz0120	黄线区	132.58	29.67	3.95
yz0121	黄线区	1 413 732.06	121 280.50	12 274.99
yz0122	红线区			
yz0123	黄线区	62 775.24	12 116.96	1 505.96
yz0124	黄线区	376 832.86	50 201.33	5 822.41
yz0125	红线区			
yz0126	红线区			

续表

编码	管控类型	COD	NH_3-N	TP
yz0127	黄线区	35 681.00	8 651.68	959.00
yz0128	黄线区	777 231.00	62 178.48	6 217.85
yz0129	红线区			
yz0130	黄线区	15 218.91	3 693.16	411.09
yz0131	绿线区	9 481.82	2 312.64	254.39
yz0132	绿线区	23 265.98	5 620.30	632.26
yz0133	绿线区	640.50	156.22	17.18
yz0134	绿线区	3 546.00	863.99	95.27
yz0135	绿线区	0.00	0.00	0.00
yz0136	绿线区	1 155.30	281.78	31.00
yz0137	黄线区	1 795 348.71	145 662.74	14 596.55
yz0138	黄线区	914 811.44	74 557.46	7 496.71
yz0139	黄线区	335 657.36	27 816.29	2 795.91
yz0140	黄线区	24 702.30	2 268.68	196.37
yz0141	黄线区	5 431 090.50	434 487.24	43 448.72
yz0142	黄线区	62 973.15	12 434.06	1 355.96
yz0143	黄线区	3 306 578.09	280 162.92	27 923.30
yz0144	绿线区	299.30	73.00	8.03
yz0145	黄线区	64 824.14	8 935.14	954.07
yz0146	黄线区	21 787.50	3 848.72	428.18
yz0147	黄线区	31 547.34	6 680.24	739.61
yz0148	黄线区	155 240.48	19 770.91	2 072.86
yz0149	黄线区	1 154 231.45	92 269.20	9 228.41
yz0150	黄线区	1 195 420.90	96 639.24	9 609.05
yz0151	黄线区	1 953 798.71	181 062.00	18 469.69
yz0152	绿线区	6 347.89	1 412.54	159.73
yz0153	黄线区	2 032 972.60	182 137.15	18 521.23
yz0154	绿线区	229.22	40.15	4.31
yz0155	黄线区	835 229.52	72 111.77	7 335.86
yz0156	黄线区	2 442 100.20	196 833.19	19 717.62

续表

编码	管控类型	COD	NH_3-N	TP
yz0157	黄线区	966 710.53	80 260.58	8 069.57
yz0158	黄线区	5 185 400.57	417 625.35	41 662.71
yz0159	黄线区	11 782.30	2 070.27	265.20
yz0160	黄线区	109 114.49	13 772.42	1 490.12
yz0161	黄线区	572 768.44	55 806.85	5 882.18
yz0162	红线区			
yz0163	黄线区	8 739.56	2 131.60	234.48

（五）重点控制水质单元

依据《重点流域水污染防治规划（2016—2020 年）》，宜昌市中心城区涉及 3 个国家水环境控制单元，以长江宜昌市 1 控制单元［白洋（云池）断面］为主，点军区局部区域涉及清江宜昌市控制单元、长江宜昌市控制单元（南津关断面），西陵区局部区域涉及长江宜昌市控制单元（南津关断面），中心城区无国家优先控制单元分区。

中心城区水环境质量红线区水质单元共 19 个，面积 95.16 km^2，主要隶属长江宜昌市 1 控制单元［白洋（云池）断面］，少量隶属清江宜昌市控制单元，全部为优先控制单元。水环境质量黄线区水质单元共 111 个，面积 761.89 km^2，其中，重点控制单元 53 个，面积 441.83 km^2，全部隶属长江宜昌市 1 控制单元［白洋（云池）断面］；非重点控制单元 58 个，面积 320.85 km^2，主要隶属长江宜昌市 1 控制单元［白洋（云池）断面］，少量隶属清江宜昌市控制单元及长江宜昌市控制单元。宜昌市中心城区水环境质量红线区及黄线区水质单元隶属的区域、流域、水质目标、面积等信息见表 7-6～表 7-8。

三、细化结果

综合以上校核情况，宜昌市中心城区水环境质量分区管控体系中水环境红线区面积为 95.16 km^2，占全域国土面积的 9.43%；水环境黄线区面积为 761.89 km^2，占全域国土面积的 75.48%；水环境绿线区面积为 152.34 km^2，占全域国土面积的 15.09%。

宜昌市中心城区水环境质量分区管控图见图 7-7，宜昌市中心城区全域《环境总规》与《环境控规》中水环境质量分区面积及百分比对比统计情况见表 7-9。

表 7-6　宜昌市中心城区水环境质量红线区 19 个水环境控制单元（“三线一单”优先管控区）清单

水环境控制单元清单编码	单元编号	所在区	所在区域名称	所在流域	水质目标	是否为饮用水水源地	所属“水十条”控制单元	重点流域规划单元控制类型	汇水区面积/hm²
YS4205021210001	yz0007	西陵区	湖北西陵经济技术开发区	黄柏河	Ⅱ类	否	①	水质改善型	217.7
YS4205041210002	yz0034	点军区	土城乡	丹水	Ⅱ类	否	②	防止退化型	21.52
YS4205041210003	yz0041	点军区	土城乡	桥边河	Ⅱ类	否	①	水质改善型	508.66
YS4205041210004	yz0053	点军区	土城乡	桥边河	Ⅱ类	否	①	水质改善型	1 541.02
YS4205041210005	yz0055	点军区	土城乡	丹水	Ⅱ类	是	②	防止退化型	108
YS4205041210006	yz0056	点军区	土城乡	桥边河	Ⅱ类	是	①	水质改善型	1 099.36
YS4205041210007	yz0057	点军区	土城乡	桥边河	Ⅱ类	是	①	水质改善型	104.39
YS4205041210008	yz0060	点军区	土城乡	桥边河	Ⅱ类	是	①	水质改善型	815.79
YS4205041210009	yz0063	点军区	土城乡	桥边河	Ⅱ类	是	①	水质改善型	666.86
YS4205041210010	yz0068	点军区	点军街道	长江	Ⅱ类	是	①	水质改善型	2.34
		点军区	联棚乡	长江	Ⅱ类	是	①	水质改善型	2.78
		点军区	艾家镇	长江	Ⅱ类	是	①	水质改善型	577.24
YS4205041210011	yz0091	点军区	联棚乡	清江	Ⅱ类	是	②	防止退化型	5.62
YS4205051210012	yz0093	猇亭区	云池街道	长江	Ⅱ类	是	①	水质改善型	299.8
		宜昌高新区	白洋工业园	长江	Ⅱ类	是	①	水质改善型	208.46
YS4205831210013	yz0118	宜昌高新区	白洋工业园	长江	Ⅱ类	否	①	水质改善型	2.43
YS4205051210014	yz0122	猇亭区	云池街道	长江	Ⅱ类	是	①	水质改善型	637.33
		宜昌高新区	白洋工业园	长江	Ⅱ类	是	①	水质改善型	120.12

续表

水环境控制单元清单编码	单元编号	所在区	所在区域名称	所在流域	水质目标	是否为饮用水水源地	所属“水十条”控制单元	重点流域规划单元控制类型	汇水区面积/hm²
YS4205831210015	yz0125	猇亭区	云池街道	长江	Ⅱ类	是	①	水质改善型	40.87
		宜昌高新区	白洋工业园	长江	Ⅱ类	是	①	水质改善型	155.01
YS4205041210016	yz0126	点军区	联棚乡	长江	Ⅱ类	是	①	水质改善型	1 445.38
YS4205021210017	yz0128	宜昌高新区	东山园区	长江	Ⅱ类	是	①	水质改善型	160.35
		西陵区	建成区	长江	Ⅱ类	是	①	水质改善型	3.92
YS4205021210018	yz0129	西陵区	窑湾街道	长江	Ⅱ类	是	①	水质改善型	9.46
		西陵区	湖北西陵经济技术开发区	长江	Ⅱ类	是	①	水质改善型	307.02
		宜昌高新区	东山园区	长江	Ⅱ类	是	①	水质改善型	144.90
YS4205041210019	yz0162	西陵区	长江三峡风景名胜区	长江	Ⅱ类	是	①	水质改善型	65.48
		西陵区	建成区	长江	Ⅱ类	是	①	水质改善型	73.59
		点军区	点军街道	长江	Ⅱ类	是	①	水质改善型	170.15

注：①长江宜昌市 1 控制单元［白洋（云池）断面］；
②清江宜昌市控制单元。

表 7-7 宜昌市中心城区水环境质量黄线区内 53 个重点管控区（“三线一单”重点管控区）清单

水环境控制单元清单编码	单元编号	所在流域	城镇生活污染重点管控区	工业源污染重点管控区	农业源污染重点管控区	所在区	所在乡镇	所属“水十条”控制单元	重点流域规划单元控制类型	汇水区面积/hm²
YS4205022220001	yz0008	葛洲坝库区	是			西陵区	建成区	①	水质改善型	11.56
						西陵区	窑湾街道、夜明珠街道	①	水质改善型	79.83
						西陵区	长江三峡风景名胜区	①	水质改善型	249.93
YS4205022230002	yz0013	葛洲坝库区			是	宜昌高新区	东山园区	①	水质改善型	2.82
						西陵区	窑湾街道	①	水质改善型	299.58
						西陵区	湖北西陵经济技术开发区	①	水质改善型	259.18
YS4205022210003	yz0014	葛洲坝库区	是	是		西陵区	建成区	①	水质改善型	218.18
						西陵区	湖北西陵经济技术开发区	①	水质改善型	122.33
						西陵区	窑湾街道	①	水质改善型	194.29
						宜昌高新区	东山园区	①	水质改善型	42.75
YS4205042210004	yz0021	长江	是	是		点军区	桥边镇	①	水质改善型	45.82
						点军区	点军街道	①	水质改善型	728.4
YS4205022210005	yz0024	长江	是	是		西陵区	葛洲坝街道、西坝街道、西陵街道、学院街道、云集街道	①	水质改善型	161.57
						西陵区	窑湾街道	①	水质改善型	145.76
						宜昌高新区	东山园区	①	水质改善型	188.67

续表

水环境控制单元清单编码	单元编号	所在流域	城镇生活污染重点管控区	工业源污染重点管控区	农业源污染重点管控区	所在区	所在乡镇	所属“水十条”控制单元	重点流域规划单元控制类型	汇水区面积/hm^2
YS4205022210006	yz0025	长江	是	是		西陵区	窑湾街道	①	水质改善型	22.88
						宜昌高新区	东山园区	①	水质改善型	273.81
YS4205022220007	yz0027	长江	是			伍家岗区	伍家乡	①	水质改善型	695.68
						西陵区	建成区	①	水质改善型	78.64
						西陵区	窑湾街道	①	水质改善型	5.54
						宜昌高新区	东山园区	①	水质改善型	94.13
YS4205062230008	yz0030	柏临河			是	宜昌高新区	宜昌生物产业园	①	水质改善型	952.05
YS4205042230009	yz0032	长江			是	点军区	点军街道	①	水质改善型	433.43
						点军区	桥边镇	①	水质改善型	273.99
YS4205042230010	yz0033	桥边河			是	点军区	点军街道	①	防止退化型	584.11
						点军区	联棚乡	①	防止退化型	165.98
						点军区	桥边镇	①	防止退化型	139.47
						宜昌高新区	电子信息产业园	①	防止退化型	13.42
YS4205042230011	yz0039	桥边河			是	宜昌高新区	电子信息产业园	①	防止退化型	599.28
YS4205032230012	yz0042	柏临河			是	宜昌高新区	宜昌生物产业园	①	水质改善型	218.99
						伍家岗区	伍家乡	①	水质改善型	505.32
YS4205062220013	yz0044	柏临河	是			宜昌高新区	宜昌生物产业园	①	水质改善型	405.99
YS4205062220014	yz0045	柏临河			是	宜昌高新区	宜昌生物产业园	①	水质改善型	699.84
YS4205042220015	yz0054	桥边河			是	点军区	土城乡	①	防止退化型	728.66
YS4205062210016	yz0058	柏临河	是	是		宜昌高新区	宜昌生物产业园	①	水质改善型	210.11

续表

水环境控制单元清单编码	单元编号	所在流域	城镇生活污染重点管控区	工业源污染重点管控区	农业源污染重点管控区	所在区	所在乡镇	所属“水十条”控制单元	重点流域规划单元控制类型	汇水区面积/hm²
YS4205032220017	yz0065	长江	是		是	伍家岗区	伍家乡	①	水质改善型	1 265.63
YS4205052230018	yz0070	长江			是	猇亭区	虎牙街道	①	水质改善型	1 465.93
						猇亭区	云池街道	①	水质改善型	24.91
YS4205052230019	yz0072	长江			是	伍家岗区	伍家乡	①	水质改善型	13.21
						猇亭区	虎牙街道	①	水质改善型	878.57
YS4205052210020	yz0085	长江	是	是	是	猇亭区	古老背街道	①	水质改善型	289.95
						猇亭区	虎牙街道	①	水质改善型	811.44
YS4205052220021	yz0089	长江	是		是	猇亭区	古老背街道	①	水质改善型	767.52
						猇亭区	虎牙街道	①	水质改善型	795.98
						猇亭区	云池街道	①	水质改善型	30.32
YS4205052210022	yz0092	长江	是	是	是	猇亭区	云池街道	①	水质改善型	791.12
						宜昌高新区	白洋工业园	①	水质改善型	156.27
YS4205832230023	yz0097	玛瑙河			是	宜昌高新区	白洋工业园	①	水质改善型	325.43
YS4205832230024	yz0099	玛瑙河			是	宜昌高新区	白洋工业园	①	水质改善型	838.48
YS4205832230025	yz0101	长江			是	宜昌高新区	白洋工业园	①	水质改善型	759.34
YS4205832230026	yz0102	玛瑙河			是	宜昌高新区	白洋工业园	①	水质改善型	517.01
YS4205832230027	yz0105	玛瑙河			是	宜昌高新区	白洋工业园	①	水质改善型	627.03
YS4205832220028	yz0106	长江	是			宜昌高新区	白洋工业园	①	水质改善型	442.58
YS4205832230029	yz0108	玛瑙河			是	宜昌高新区	白洋工业园	①	水质改善型	640.12
YS4205832230030	yz0109	玛瑙河			是	宜昌高新区	白洋工业园	①	水质改善型	418.89

续表

水环境控制单元清单编码	单元编号	所在流域	城镇生活污染重点管控区	工业源污染重点管控区	农业源污染重点管控区	所在区	所在乡镇	所属“水十条”控制单元	重点流域规划单元控制类型	汇水区面积/hm^2
YS4205832230031	yz0110	玛瑙河			是	宜昌高新区	白洋工业园	①	水质改善型	985.74
YS4205832220032	yz0113	长江	是		是	宜昌高新区	白洋工业园	①	水质改善型	1 399.87
YS4205832230033	yz0114	长江			是	宜昌高新区	白洋工业园	①	水质改善型	619.68
YS4205832230034	yz0115	长江			是	宜昌高新区	白洋工业园	①	水质改善型	1 425.57
YS4205832230035	yz0116	长江			是	宜昌高新区	白洋工业园	①	水质改善型	580.76
YS4205042220036	yz0121	长江	是		是	点军区	点军街道	①	水质改善型	1 006.84
						点军区	联棚乡	①	水质改善型	567.97
YS4205052230037	yz0123	长江			是	猇亭区	云池街道	①	水质改善型	730.84
YS4205832220038	yz0124	长江	是		是	宜昌高新区	白洋工业园	①	水质改善型	1 592.09
YS4205042230039	yz0127	长江			是	点军区	联棚乡	①	水质改善型	975.27
						点军区	艾家镇	①	水质改善型	36.46
YS4205022220040	yz0137	长江	是			西陵区	长江三峡风景名胜区	①	水质改善型	273.32
						西陵区	建成区	①	水质改善型	219.45
						西陵区	窑湾街道	①	水质改善型	4.04
						点军区	点军街道	①	水质改善型	546.53
YS4205042210041	yz0138	长江	是	是		点军区	点军街道	①	水质改善型	680.23
						点军区	桥边镇	①	水质改善型	464.74
YS4205022220042	yz0141	长江	是			西陵区	建成区	①	水质改善型	981.46
						宜昌高新区	东山园区	①	水质改善型	10.85

续表

水环境控制单元清单编码	单元编号	所在流域	城镇生活污染重点管控区	工业源污染重点管控区	农业源污染重点管控区	所在区	所在乡镇	所属“水十条”控制单元	重点流域规划单元控制类型	汇水区面积/hm^2
YS4205042230043	yz0142	长江			是	点军区	艾家镇	①	水质改善型	548.72
						点军区	点军街道	①	水质改善型	2.46
YS4205032210044	yz0143	长江	是	是	是	伍家岗区	伍家乡	①	水质改善型	1 633.68
						点军区	艾家镇	①	水质改善型	46.9
						西陵区	窑湾街道	①	水质改善型	67.13
YS4205022210045	yz0149	长江	是	是		西陵区	建成区	①	水质改善型	386.91
YS4205022210046	yz0150	长江	是	是		宜昌高新区	东山园区	①	水质改善型	235.68
						西陵区	窑湾街道	①	水质改善型	5.47
						伍家岗区	伍家乡	①	水质改善型	14.78
YS4205032210047	yz0151	柏临河	是	是	是	伍家岗区	伍家乡	①	水质改善型	1 047.79
						宜昌高新区	宜昌生物产业园	①	水质改善型	54.72
YS4205032210048	yz0153	柏临河	是	是	是	伍家岗区	伍家乡	①	水质改善型	506.21
						宜昌高新区	宜昌生物产业园	①	水质改善型	310.98
YS4205052220049	yz0155	长江	是			伍家岗区	伍家乡	①	水质改善型	158.8
						猇亭区	虎牙街道	①	水质改善型	867.5
YS4205032220050	yz0156	长江	是			伍家岗区	伍家乡	①	水质改善型	511.5
						猇亭区	虎牙乡	①	水质改善型	228.74
YS4205032220051	yz0157	长江	是			伍家岗区	伍家乡	①	水质改善型	557.61
YS4205052220052	yz0158	长江	是		是	猇亭区	云池街道	①	水质改善型	966.1
						猇亭区	虎牙街道	①	水质改善型	6.63
						猇亭区	古老背街道	①	水质改善型	510.95
YS4205052230053	yz0161	长江			是	猇亭区	云池街道	①	水质改善型	701.12

注：①长江宜昌市 1 控制单元［白洋（云池）断面］。

表 7-8 宜昌市中心城区水环境质量黄线区 58 个非重点管控区清单

单元编号	所在流域	所在区	所在乡镇、工业园	所属“水十条”控制单元	重点流域规划单元控制类型	汇水区面积/hm^2
yz0001	黄柏河	西陵区	窑湾街道	①	水质改善型	15.34
	黄柏河	西陵区	长江三峡风景名胜区管理局	①	水质改善型	108.28
yz0004	长江	西陵区	长江三峡风景名胜区管理局	②	防止退化型	293.19
yz0009	黄柏河	西陵区	窑湾街道	①	水质改善型	7.26
yz0011	长江	点军区	土城乡	②	防止退化型	1 089.95
yz0015	柏临河	宜昌高新区	宜昌生物产业园区	①	水质改善型	48.03
yz0016	桥边河	点军区	桥边镇	①	防止退化型	678.92
yz0018	桥边河	点军区	桥边镇	①	防止退化型	382.65
yz0019	柏临河	宜昌高新区	宜昌生物产业园区	①	水质改善型	34.86
yz0022	桥边河	点军区	点军街道	①	防止退化型	75.47
	桥边河	点军区	桥边镇	①	防止退化型	376.44
yz0023	桥边河	点军区	土城乡	①	防止退化型	1 607.74
yz0028	长江	伍家岗区	伍家乡	①	水质改善型	4.8
	长江	宜昌高新区	东山园区	①	水质改善型	12.5
	长江	西陵区	窑湾街道	①	水质改善型	429.85
yz0029	柏临河	宜昌高新区	生物产业园区	①	水质改善型	554.5
yz0031	桥边河	点军区	点军街道办事处	①	防止退化型	9.9
	桥边河	宜昌高新区	电子信息产业园	①	防止退化型	134.71
	桥边河	点军区	桥边镇	①	防止退化型	665.14

续表

单元编号	所在流域	所在区	所在乡镇、工业园	所属“水十条”控制单元	重点流域规划单元控制类型	汇水区面积/hm²
yz0035	柏临河	宜昌高新区	宜昌生物产业园区	①	水质改善型	317.59
	柏临河	伍家岗区	伍家乡	①	水质改善型	63.1
	柏临河	西陵区	窑湾街道	①	水质改善型	112.47
yz0036	桥边河	点军区	桥边镇	①	防止退化型	239.19
	桥边河	宜昌高新区	电子信息产业园	①	防止退化型	285.77
yz0037	桥边河	点军区	土城乡	①	防止退化型	630.59
yz0038	桥边河	宜昌高新区	电子信息产业园	①	防止退化型	149.48
	桥边河	点军区	桥边镇	①	防止退化型	258.29
yz0040	桥边河	点军区	桥边镇	①	防止退化型	8.52
	桥边河	点军区	联棚乡	①	防止退化型	47
	桥边河	宜昌高新区	电子信息产业园	①	防止退化型	886.47
yz0043	桥边河	点军区	土城乡	①	防止退化型	715.37
yz0046	桥边河	宜昌高新区	电子信息产业园	①	防止退化型	173.23
	桥边河	点军区	桥边镇	①	防止退化型	328.05
yz0047	桥边河	宜昌高新区	电子信息产业园	①	防止退化型	179.2
yz0048	长江	点军区	艾家镇	①	水质改善型	174.53
	长江	点军区	点军街道	①	水质改善型	878.08
yz0049	桥边河	宜昌高新区	电子信息产业园	①	防止退化型	5.93
	桥边河	点军区	点军街道	①	防止退化型	15.20
	桥边河	点军区	联棚乡	①	防止退化型	532.18

续表

单元编号	所在流域	所在区	所在乡镇、工业园	所属“水十条”控制单元	重点流域规划单元控制类型	汇水区面积/hm^2
yz0050	桥边河	点军区	点军街道	①	防止退化型	27.29
	桥边河	点军区	联棚乡	①	防止退化型	527.48
yz0051	桥边河	点军区	联棚乡	①	防止退化型	26.89
	桥边河	点军区	土城乡	①	防止退化型	243.79
	桥边河	宜昌高新区	电子信息产业园	①	防止退化型	856.74
yz0052	桥边河	点军区	土城乡	①	防止退化型	551.01
yz0059	桥边河	点军区	土城乡	①	防止退化型	7.78
	桥边河	宜昌高新区	电子信息产业园	①	防止退化型	17.19
	桥边河	点军区	联棚乡	①	防止退化型	2 237.93
yz0062	桥边河	点军区	土城乡	①	防止退化型	789.35
yz0066	简当河	猇亭区	虎牙街道	①	防止退化型	323.03
yz0069	桥边河	点军区	联棚乡	①	防止退化型	14.93
	桥边河	点军区	土城乡	①	防止退化型	521.81
yz0074	清江	点军区	艾家镇	②	防止退化型	67.53
	清江	点军区	联棚乡	②	防止退化型	626.61
yz0075	长江	点军区	艾家镇	①	防止退化型	1 445.74
yz0088	玛瑙河	猇亭区	云池街道	①	水质改善型	147.66
yz0094	玛瑙河	猇亭区	云池街道	①	水质改善型	37.58
	玛瑙河	宜昌高新区	白洋工业园	①	水质改善型	190.99
yz0095	玛瑙河	宜昌高新区	白洋工业园	①	水质改善型	13.63

续表

单元编号	所在流域	所在区	所在乡镇、工业园	所属“水十条”控制单元	重点流域规划单元控制类型	汇水区面积/hm^2
yz0096	长江	宜昌高新区	白洋工业园	①	水质改善型	127.87
	长江	猇亭区	云池街道	①	水质改善型	137.65
yz0098	玛瑙河	宜昌高新区	白洋工业园	①	水质改善型	180.42
yz0100	玛瑙河	宜昌高新区	白洋工业园	①	水质改善型	69.35
yz0103	玛瑙河	宜昌高新区	白洋工业园	①	水质改善型	82.42
yz0104	玛瑙河	宜昌高新区	白洋工业园	①	水质改善型	163.49
yz0107	长江	宜昌高新区	白洋工业园	①	水质改善型	631.88
yz0111	玛瑙河	宜昌高新区	白洋工业园	①	水质改善型	256.72
yz0112	长江	宜昌高新区	白洋工业园	①	水质改善型	810.3
yz0117	长江	宜昌高新区	白洋工业园	①	水质改善型	701.9
yz0119	长江	宜昌高新区	白洋工业园	①	水质改善型	124.8
yz0120	长江	宜昌高新区	白洋工业园	①	水质改善型	4.16
yz0130	桥边河	点军区	桥边镇	①	防止退化型	13.44
	桥边河	宜昌高新区	电子信息产业园	①	防止退化型	54.75
	桥边河	点军区	土城乡	①	防止退化型	409.38
yz0131	长江	点军区	桥边镇	③	防止退化型	159.61
	长江	点军区	土城乡	③	防止退化型	646.98
yz0132	桥边河	点军区	桥边镇	①	防止退化型	765.44
	桥边河	点军区	土城乡	①	防止退化型	1 210.69
yz0139	长江	点军区	点军街道	①	防止退化型	348.82

续表

单元编号	所在流域	所在区	所在乡镇、工业园	所属“水十条”控制单元	重点流域规划单元控制类型	汇水区面积/hm^2
yz0140	长江	西陵区	建成区	①	水质改善型	67.98
	长江	点军区	点军街道	①	水质改善型	296.49
yz0145	长江	点军区	艾家镇	①	水质改善型	1 031.22
yz0146	长江	点军区	艾家镇	①	水质改善型	416.22
yz0147	柏临河	宜昌高新区	宜昌生物产业园区	①	水质改善型	37.5
	柏临河	宜昌高新区	宜昌生物产业园区	①	水质改善型	77.19
yz0148	柏临河	宜昌高新区	宜昌生物产业园区	①	水质改善型	269.86
	柏临河	伍家岗区	伍家乡	①	水质改善型	167.84
yz0159	长江	猇亭区	云池街道	①	水质改善型	39.94
	长江	猇亭区	古老背街道	①	水质改善型	65.24
	长江	猇亭区	虎牙街道	①	水质改善型	152.32
yz0160	长江	宜昌高新区	宜昌白洋工业园	①	水质改善型	522.07
yz0163	长江	西陵区	长江三峡风景名胜区管理局	③	防止退化型	756.55

注 1：“三线一单”编码体系没有关于非重点管控区的编码规则说明，因此，本表未对水环境控制单元设置清单编码；

2：①长江宜昌市 1 控制单元［白洋（云池）断面］；②清江宜昌市控制单元；③长江宜昌市控制单元。

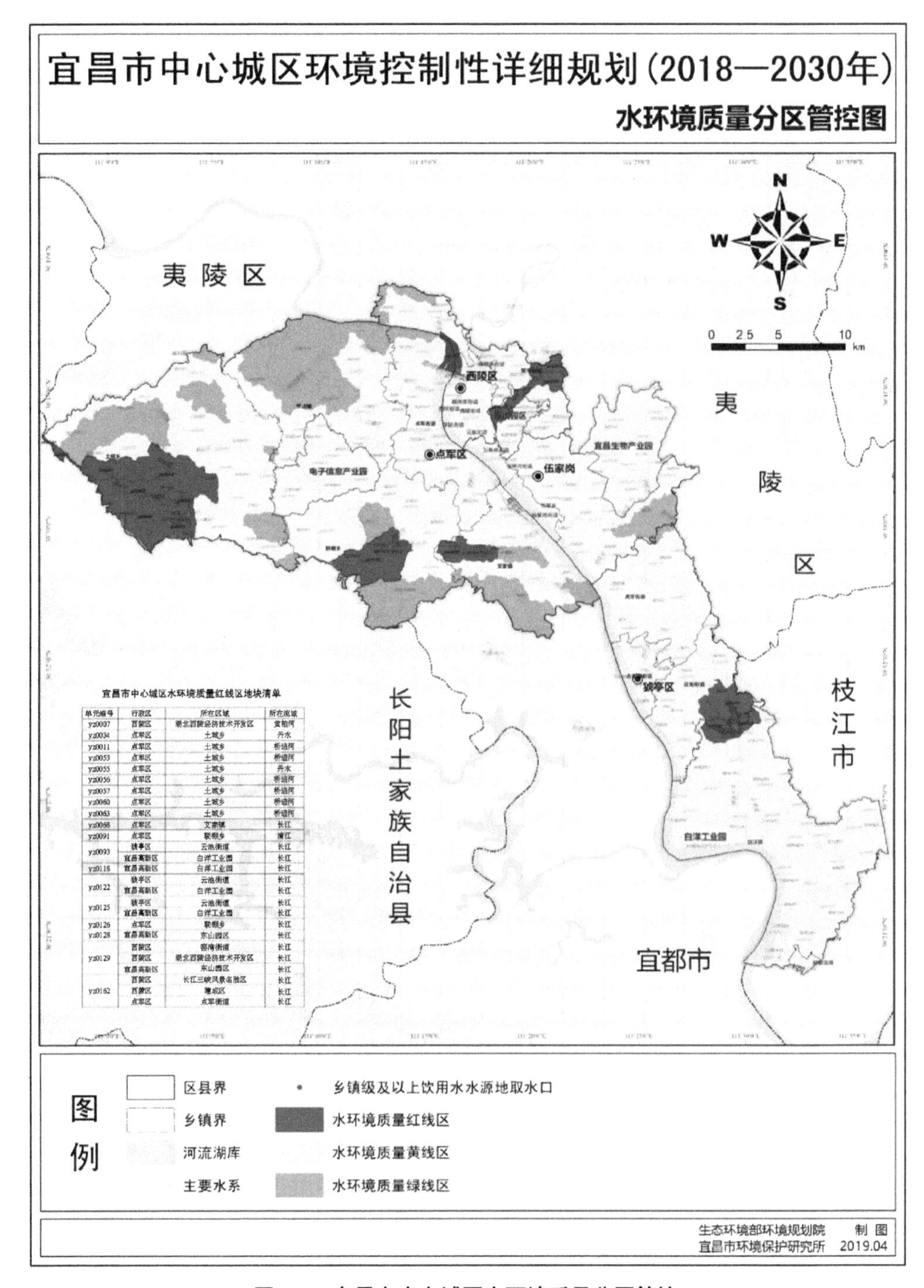

单元编号	行政区	所在区域	所在流域
yz0007	西陵区	湖北西陵经济技术开发区	黄柏河
yz0034	点军区	土城乡	丹水
yz0011	点军区	土城乡	桥边河
yz0053	点军区	土城乡	桥边河
yz0055	点军区	土城乡	丹水
yz0056	点军区	土城乡	桥边河
yz0057	点军区	土城乡	桥边河
yz0060	点军区	土城乡	桥边河
yz0063	点军区	土城乡	桥边河
yz0068	点军区	艾家镇	长江
yz0091	点军区	联棚乡	清江
yz0093	猇亭区	云池街道	长江
	宜昌高新区	白洋工业园	长江
yz0118	宜昌高新区	白洋工业园	长江
yz0122	猇亭区	云池街道	长江
	宜昌高新区	白洋工业园	长江
yz0125	猇亭区	云池街道	长江
	宜昌高新区	白洋工业园	长江
yz0126	点军区	联棚乡	长江
yz0128	宜昌高新区	东山园区	长江
yz0129	西陵区	窑湾街道	长江
	西陵区	湖北西陵经济技术开发区	长江
	宜昌高新区	东山园区	长江
yz0162	西陵区	长江三峡风景名胜区	长江
	西陵区	建成区	长江
	点军区	点军街道	长江

图 7-7　宜昌市中心城区水环境质量分区管控

表 7-9 《环境总规》与《环境控规》中水环境质量分区面积及百分比对比

分区	《环境总规》		《环境控规》	
	面积/km²	百分比/%	面积/km²	百分比/%
红线区	95.7	9.48	95.16	9.43
黄线区	675.64	66.94	761.89	75.48
绿线区	238.05	23.58	152.34	15.09
合计	1 009.39	100.00	1 009.39	100.00

第三节 水环境质量分区面积与《环境总规》对比统计

一、水环境质量分区与《环境总规》对比

宜昌市中心城区四个区（西陵区、伍家岗区、点军区、猇亭区）水环境质量分区与《环境总规》对比分析见表 7-10。与《环境总规》相比，中心城区四个行政区水环境质量红线区面积为 90.29 km^2，增加了 14.31 km^2（17.38%），黄线区面积为 572.07 km^2，增加了 7.61 km^2（1.36%）；绿线区面积为 152.33 km^2，减少了 5.14 km^2（3.26%）。

表 7-10 宜昌市中心城区四个区水环境质量分区与《环境总规》对比分析

单位：km²

行政区	水环境质量红线区			水环境质量黄线区			水环境质量绿线区		
	控规面积	总规面积	面积变化	控规面积	总规面积	面积变化	控规面积	总规面积	面积变化
西陵区	9.82	5.09	4.73	64.23	82.21	−17.98	4.34	0.00	4.34
伍家岗区	0.00	0.00	0.00	75.81	88.50	−12.69	8.96	10.56	−1.60
点军区	70.69	68.67	8.36	324.32	277.79	40.18	138.00	146.91	−8.91
猇亭区	9.78	8.56	1.22	107.71	109.61	−1.90	1.03	0.00	1.03
面积合计	90.29	82.32	14.31	572.07	558.11	7.61	152.33	157.47	−5.14
百分比			17.38%			1.36%			−3.26%

二、中心城区各乡镇（街道）水环境质量分区面积统计

宜昌市中心城区各乡镇、街道水环境质量分区面积统计见表7-11。西陵区、伍家岗区全部为规划建成区，不单独统计各街道分区面积。

表7-11　宜昌市中心城区各乡镇、街道水环境质量分区面积统计

行政区	所在乡镇（街道）	水环境质量红线区		水环境质量黄线区		水环境质量绿线区	
		面积/km^2	比例/%	面积/km^2	比例/%	面积/km^2	比例/%
西陵区（含东山园区）	—	9.824	12.53	64.232	81.93	4.341	5.54
伍家岗区（含宜昌生物产业园部分区域）	—	0	0	75.807	89.43	8.963	10.57
点军区（含电子信息产业园）	点军街道	1.702	2.8	56.357	92.62	2.787	4.58
	桥边镇	0	0	81.560	61.60	50.849	38.40
	艾家镇	5.796	8.78	37.650	57.03	22.575	34.19
	联棚乡	14.538	15.22	57.220	59.92	23.742	24.86
	土城乡	48.656	27.3	91.530	51.3	38.047	21.35
猇亭区	古老背街道	0	0	16.337	100	0	0
	云池街道	9.780	21.33	36.071	78.67	0	0
	虎牙街道	0	0	55.303	98.17	1.032	1.83
夷陵区（宜昌生物产业园部分区域）	龙泉镇（部分行政村）	0	0	37.733	100	0	0
枝江市（白洋工业园）	白洋镇	4.851	3.15	149.263	96.85	0	0
	顾家店镇（高殿寺村）	0	0	2.156	100	0	0

注：按各辖区国土空间矢量边界范围统计。

第四节　水环境质量分区管控制度

一、水环境质量红线区管控制度

细化《环境总规》水环境质量红线控制单元，核定水环境质量红线面积为95.16 km^2，主要包括乡镇及以上集中式饮用水水源地取水口上游汇流水质单元及水质目标在Ⅱ类及以上的地表水汇流水质单元。对水环境红线水质高功能区实行高标准保护：

（1）对水生态环境实行最严格的保护，水环境控制单元所在流域水污染物实行总量减排，全面从严管控排污口及污水排放。

（2）禁止新建排污口，现有工业企业、矿山、服务业废水排放口限期关闭；现有生活污水集中处理设施排放口污染物排放浓度应达到一级A标准，并通过人工湿地等自然生态净化系统进一步处理后回用于农业灌溉用水、绿化、生活杂用水等，确保对饮用水水源地水质无不利影响。

（3）禁止排放施工废水、船舶废水、养殖业废水、服务业废水、温排水；禁止倾倒生活垃圾、畜禽粪便、固体废物及农业废弃物等污染物。

（4）人口集中区初期雨水经收集、处理达到中水标准后就地回用，确需排放的须进一步采取自然生态净化措施处理后排放，确保对地表水环境无不利影响。

（5）大力发展生态绿色农业，推广农业节水，实施农村地区用水梯级循环；严格控制化肥及农药施用强度，实施科学种植和农业面源污染防治；落实禁养区关停搬迁的要求，禁止建设规模化畜禽养殖场，严格控制畜禽养殖农户散养规模（户均生猪年存栏量不得超过5头，其他养殖品种以折算当量为准）；禁止网箱养殖、投肥（粪）养殖。

（6）禁止在河流、水库水域外围第一重山脊线内露天采矿，以上区域内现有的露天采矿项目限期关闭；露天矿山雨水经收集治理后就地回用。

（7）集中式饮用水水源保护区内全面落实雨污分流，禁止生活污水通过雨水管渠排放；原住居民生活污水和垃圾必须收集处理，禁止排入保护区内水体；饮用水水源保护区内禁止建设餐饮、娱乐、宾馆酒店，现有设施应拆除或关闭；穿越饮用水水源保护区的船只，应配备防止污染物散落、溢流、渗漏的设备。

（8）集中式饮用水水源一级保护区禁止新（改、扩）建与供水设施和保护水源无关的建设项目，已建成的与供水设施和保护水源无关的建设项目，责令拆除或关闭。

（9）集中式饮用水水源二级保护区内禁止新（改、扩）建排放污染物的建设项目，已建成的排放污染物的建设项目，责令拆除或者关闭，禁止从事游泳、垂钓或其他可能污染水体的活动；旅游码头和航运、海事等管理部门工作码头的污水、垃圾应统一收集至保护区外处理排放；乡级及以下道路和景观步行道应做好与饮用水水体的隔离防护，避免人类活动对水质的影响；县级及以上公路、道路、铁路、桥梁等应严格限制有毒有害物质和危险化学品的运输，开展视频监控，跨越或与水体并行的路桥两侧建设防撞栏、桥面径流收集系统等事故应急防护工程设施。

宜昌市中心城区水环境质量红线区水质控制单元分布见表 7-12。

二、水环境质量黄线区管控制度

细化《环境总规》的水环境质量红线外控制单元，核定水环境黄线区 111 个，占地面积为 761.89 km^2，包括流经城镇水质目标为Ⅱ类的河流湖库汇流水质单元，乡村 200 户及以上集中式饮用水水源地所在水质单元，以工业源为主的汇流水质单元，水质目标为Ⅲ类及以下、现状水质超标的汇流水质单元等。对水环境黄线区实行重点管控：

（1）对水生态环境实行全面保护，水环境控制单元所在流域水污染物实行严格的总量控制，水质超标流域新（改、扩）建项目实行水污染物排放量 2 倍量削减，即按照建设项目新增污染物排放量的 2 倍及以上实行区域总量削减替代。

（2）对入河排污口进行全面整治，实施规范化建设和管理。Ⅱ类水体及超标水体禁止新设排污口，自然保护区内非法排污口全部取缔关停，关停封堵不符合生态环保要求的排污口；化工企业不得新设排污口，已设置的长江沿岸化工企业排污口 2019 年年底前完成关闭封堵，所有工业园区及工业集聚区实现污水集中处理，工业园区及工业聚集区污水集中处理设施稳定运行，实现“一区一厂一口”（即一个工业集聚区对应一个污水处理厂，保留一个排污口）；对单个涉河（江）排污口全面拦截封堵，污水杜绝直排；禁止无证排污、暗管排污、“双超”（超标、超总量）排污。

（3）加强混合排放口、市政排放口、养殖排放口整治。对未纳入入河排污口审批登记的混合排放口、市政排放口、养殖排放口，要设立排口标识牌，并对污染源进行治理；加快中心城区、城郊接合部及周边集镇污水处理设施和配套管网建设，实现雨污分流，确保污水不外排。

表 7-12 宜昌市中心城区水环境质量红线区水质控制单元分布

序号	统一码	总规编码	总规编码修改	总规融合码	汇水单元码	流域	是否为饮用水水源	所在区	所在乡镇/园区	水质目标	面积/hm^2
1	yz0007	6	7	1226	1850	黄柏河	否	西陵区	湖北西陵经济技术开发区	Ⅱ类	217.7
2	yz0034	33	38	1390	2034	丹水	否	点军区	土城乡	Ⅱ类	21.52
3	yz0041	40	45	1407	2053	桥边河	否	点军区	土城乡	Ⅱ类	508.66
4	yz0053	52	57	1439	2093	桥边河	否	点军区	土城乡	Ⅱ类	1 541.02
5	yz0055	54	59	1443	2097	丹水	是	点军区	土城乡	Ⅱ类	108
6	yz0056	55	60	1445	2099	桥边河	是	点军区	土城乡	Ⅱ类	1 099.36
7	yz0057	56	61	1453	2109	桥边河	是	点军区	土城乡	Ⅱ类	104.39
8	yz0060	59	64	1459	2116	桥边河	是	点军区	土城乡	Ⅱ类	815.79
9	yz0063	62	67	1469	2128	桥边河	是	点军区	土城乡	Ⅱ类	666.86
10	yz0068	67	72	1500	2166	长江	是	点军区	点军街道	Ⅱ类	2.34
		67	72	1500	2166	长江	是	点军区	联棚乡	Ⅱ类	2.78
		67	72	1500	2166	长江	是	点军区	艾家镇	Ⅱ类	577.24
11	yz0091	90	95	1665	2366	清江	是	点军区	联棚乡	Ⅱ类	5.62
12	yz0093	92	99	1746	2470	长江	是	猇亭区	云池街道	Ⅱ类	299.8
		92	99	1746	2470	长江	是	宜昌高新区	白洋工业园	Ⅱ类	208.46
13	yz0118	117	129	2059	2843	长江	否	宜昌高新区	白洋工业园	Ⅱ类	2.43
14	yz0122	121	133	2602	2380	长江	是	猇亭区	云池街道	Ⅱ类	637.33
		121	133	2602	2380	长江	是	宜昌高新区	白洋工业园	Ⅱ类	120.12

续表

序号	统一码	总规编码	总规编码修改	总规融合码	汇水单元码	流域	是否为饮用水水源	所在区	所在乡镇/园区	水质目标	面积/hm^2
15	yz0125	124	136	2605	2471	长江	是	猇亭区	云池街道	Ⅱ类	40.87
		124	136	2605	2471	长江	是	宜昌高新区	白洋工业园	Ⅱ类	155.01
16	yz0126	125	137	2616	2068	长江	是	点军区	联棚乡	Ⅱ类	1 445.38
17	yz0128	127	139	2620	1981	长江	是	宜昌高新区	东山园区	Ⅱ类	160.35
		127	139	2620	1981	长江	是	西陵区	建成区	Ⅱ类	3.92
18	yz0129	128	140	2621	1981	长江	是	西陵区	窑湾街道	Ⅱ类	9.46
		128	140	2621	1981	长江	是	西陵区	湖北西陵经济技术开发区	Ⅱ类	307.02
		128	140	2621	1981	长江	是	宜昌高新区	东山园区	Ⅱ类	144.90
19	yz0162	161	151	1354	1991	长江	是	西陵区	长江三峡风景名胜区宜昌管理局	Ⅱ类	65.48
		161	151	1354	1991	长江	是	西陵区	建城区	Ⅱ类	73.59
		161	151	1354	1991	长江	是	点军区	点军街道	Ⅱ类	170.15

注：部分小于 1 hm^2 的行政区划识别地块做了删除。

（4）对位于市政污水管网收集范围内的入河排污口、混合排水口，除污水处理厂不能处理的以外，原则上应全部关停，污水接入市政管网。2002年10月1日后建成、未取得排污口设置许可和环境影响评价批复的入河排污口，责令拆除，恢复原状，并同步对所属污染源实施综合治理。对存量入河排污口开展规范化建设，确保实现“一口一档”，各个入河排污口有编号、有明显标志牌，有在线计量和监控设施。

（5）重点开展中心城区污水管网建设，全面加强对工业废水、居民生活污水、养殖业废水、施工废水、船舶废水、服务业废水的收集、治理，做到污水全收集、全处理，禁止直接排放；禁止向水体倾倒、排放生活垃圾、固体废物及农业废弃物等污染物；严格限制可能造成严重水体污染和水生态破坏的矿产资源开发。

（6）严格控制农业面源污染，重点加强对超标流域农业面源污染治理，全面推进测土配方、精准施药、生物防治，大幅削减农业面源污染物排放量；贯彻落实宜昌市畜禽养殖“三区”与区域布局方案，禁止在江河湖库开展网箱养殖（以研究和保护珍稀水生生物为目的的网箱养殖活动除外）、投肥（粪）养殖；对水质超标河流、湖库，实施达标综合整治、生态修复。

（7）大力推进中心城区海绵城市建设，提高城镇雨水收集、处理及利用率；开展城镇生活污水处理厂出水深度处理，持续提高中水回用率。

宜昌市中心城区水环境质量黄线区水质控制单元分布见表7-13。

三、水环境质量绿线区管控制度

水环境质量绿线区为水质目标为Ⅲ类及以下、现状水质达标、水环境容量富余的汇流水质控制单元，共计33个，占地面积为152.34 km^2，该区域在满足产业准入、污染物达标排放及总量控制等管理制度要求的前提下实施集约利用。

宜昌市中心城区水环境质量绿线区水质控制单元分布见表7-14。

四、水环境质量分区面积统计

根据宜昌市中心城区水环境质量红线、黄线和绿线分区校核结果，各行政区水环境质量分区面积统计结果见表7-15。

表 7-13　宜昌市中心城区水环境质量黄线区水质控制单元分布

序号	统一码	总规编码	总规编码修改	总规融合码	汇水单元码	流域	水质目标	所在区	所在乡镇/园区	面积/hm²
1	yz0001	0	0	1109	1727	黄柏河	Ⅲ类	西陵区	窑湾街道	15.34
		0	0	1109	1727	黄柏河	Ⅲ类	西陵区	长江三峡风景名胜区宜昌管理局	108.28
2	yz0004	3	3	1203	1827	长江	Ⅲ类	西陵区	长江三峡风景名胜区宜昌管理局	293.19
3	yz0008	7	8	1230	1854	葛洲坝库区	Ⅲ类	西陵区	长江三峡风景名胜区宜昌管理局	11.56
		7	8	1230	1854		Ⅲ类	西陵区	建城区	79.83
		7	8	1230	1854		Ⅲ类	西陵区	窑湾街道、夜明珠街道	249.93
4	yz0009	8	10	1245	1873	黄柏河	Ⅲ类	西陵区	窑湾街道	7.26
5	yz0011	10	13	1261	1890	长江	Ⅲ类	点军区	土城乡	1 089.95
6	yz0013	12	17	1286	1915	葛洲坝库区	Ⅲ类	宜昌高新区	东山园区	2.82
		12	17	1286	1915		Ⅲ类	西陵区	西陵经济开发区	259.18
		12	17	1286	1915		Ⅲ类	西陵区	窑湾街道	299.58
7	yz0014	13	18	1298	1928	葛洲坝库区	Ⅲ类	宜昌高新区	东山园区	42.75
		13	18	1298	1928		Ⅲ类	西陵区	西陵经济开发区	122.33
		13	18	1298	1928		Ⅲ类	西陵区	窑湾街道	194.29
		13	18	1298	1928		Ⅲ类	西陵区	建城区	218.18
8	yz0015	14	19	1307	1938	柏临河	Ⅲ类	宜昌高新区	生物产业园区	48.03
9	yz0016	15	20	1318	1949	桥边河	Ⅲ类	点军区	桥边镇	678.92

续表

序号	统一码	总规编码	总规编码修改	总规融合码	汇水单元码	流域	水质目标	所在区	所在乡镇/园区	面积/hm^2
10	yz0018	17	22	1333	1969	桥边河	Ⅳ类	点军区	桥边镇	382.65
11	yz0019	18	23	1338	1974	柏临河	Ⅲ类	宜昌高新区	生物产业园区	34.86
12	yz0021	20	25	1344	1980	长江	Ⅲ类	点军区	桥边镇	45.82
		20	25	1344	1980	长江	Ⅲ类	点军区	点军街道	728.4
13	yz0022	21	26	1358	1995	桥边河	Ⅲ类	点军区	点军街道	75.47
		21	26	1358	1995	桥边河	Ⅲ类	点军区	桥边镇	376.44
14	yz0023	22	27	1361	1999	桥边河	Ⅲ类	点军区	土城乡	1 607.74
15	yz0024	23	28	1366	2005	长江	Ⅳ类	西陵区	宜昌开发区	19.51
		23	28	1366	2005	长江	Ⅳ类	宜昌高新区	东山园区	20.19
		23	28	1366	2005	长江	Ⅳ类	西陵区	窑湾街道	126.25
		23	28	1366	2005	长江	Ⅳ类	西陵区	葛洲坝街道、西坝街道、西陵街道、学院街道、云集街道	161.57
		23	28	1366	2005	长江	Ⅳ类	宜昌高新区	东山园区	168.48
16	yz0025	24	29	1372	2011	长江	Ⅱ类	宜昌高新区	东山园区	1.21
		24	29	1372	2011	长江	Ⅱ类	西陵区	宜昌开发区	4.34
		24	29	1372	2011	长江	Ⅱ类	西陵区	窑湾街道	18.54
		24	29	1372	2011	长江	Ⅱ类	宜昌高新区	东山园区	272.6

续表

序号	统一码	总规编码	总规编码修改	总规融合码	汇水单元码	流域	水质目标	所在区	所在乡镇/园区	面积/hm^2
17	yz0027	26	31	1377	2018	长江	Ⅳ类	宜昌高新区	宜昌开发区	5.54
		26	31	1377	2018	长江	Ⅳ类	宜昌高新区	东山园区	8.2
		26	31	1377	2018	长江	Ⅳ类	宜昌高新区	东山园区	15.71
		26	31	1377	2018	长江	Ⅳ类	宜昌高新区	东山园区	70.22
		26	31	1377	2018	长江	Ⅳ类	西陵区	建城区	78.64
		26	31	1377	2018	长江	Ⅳ类	伍家岗区	伍家乡	695.68
18	yz0028	27	32	1378	2019	长江	Ⅲ类	伍家岗区	伍家乡	4.8
		27	32	1378	2019	长江	Ⅲ类	宜昌高新区	东山园区	12.5
		27	32	1378	2019	长江	Ⅲ类	西陵区	窑湾街道	429.85
19	yz0029	28	33	1379	2020	柏临河	Ⅲ类	宜昌高新区	生物产业园区	554.5
20	yz0030	29	34	1383	2025	柏临河	Ⅲ类	宜昌高新区	生物产业园区	952.05
21	yz0031	30	35	1385	2027	桥边河	Ⅳ类	点军区	点军街道	9.9
		30	35	1385	2027	桥边河	Ⅳ类	宜昌高新区	电子信息产业园	134.71
		30	35	1385	2027	桥边河	Ⅳ类	点军区	桥边镇	665.14
22	yz0032	31	36	1386	2028	长江	Ⅳ类	点军区	桥边镇	273.99
		31	36	1386	2028	长江	Ⅳ类	点军区	点军街道	433.43
23	yz0033	32	37	1387	2031	桥边河	Ⅳ类	宜昌高新区	电子信息产业园	13.42
		32	37	1387	2031	桥边河	Ⅳ类	点军区	桥边镇	139.47
		32	37	1387	2031	桥边河	Ⅳ类	点军区	联棚乡	165.98
		32	37	1387	2031	桥边河	Ⅳ类	点军区	点军街道	584.11

续表

序号	统一码	总规编码	总规编码修改	总规融合码	汇水单元码	流域	水质目标	所在区	所在乡镇/园区	面积/hm^2
24	yz0035	34	39	1391	2035	柏临河	Ⅲ类	宜昌高新区	生物产业园区	317.59
		34	39	1391	2035	柏临河	Ⅲ类	伍家岗区	伍家乡	63.1
		34	39	1391	2035	柏临河	Ⅲ类	西陵区	窑湾街道	112.47
25	yz0036	35	40	1394	2038	桥边河	Ⅲ类	点军区	桥边镇	239.19
		35	40	1394	2038	桥边河	Ⅲ类	宜昌高新区	电子信息产业园	285.77
26	yz0037	36	41	1400	2046	桥边河	Ⅲ类	点军区	土城乡	630.59
27	yz0038	37	42	1402	2048	桥边河	Ⅳ类	宜昌高新区	电子信息产业园	149.48
		37	42	1402	2048	桥边河	Ⅳ类	点军区	桥边镇	258.29
28	yz0039	38	43	1403	2049	桥边河	Ⅳ类	宜昌高新区	电子信息产业园	599.28
29	yz0040	39	44	1406	2052	桥边河	Ⅳ类	点军区	桥边镇	8.52
		39	44	1406	2052	桥边河	Ⅳ类	点军区	联棚乡	47
		39	44	1406	2052	桥边河	Ⅳ类	宜昌高新区	电子信息产业园	886.47
30	yz0042	41	46	1408	2054	柏临河	Ⅲ类	宜昌高新区	生物产业园区	218.99
		41	46	1408	2054	柏临河	Ⅲ类	伍家岗区	伍家乡	505.32
31	yz0043	42	47	1411	2057	桥边河	Ⅲ类	点军区	土城乡	715.37
32	yz0044	43	48	1416	2062	柏临河	Ⅲ类	宜昌高新区	生物产业园区	405.99
33	yz0045	44	49	1417	2063	柏临河	Ⅲ类	宜昌高新区	生物产业园区	699.84
34	yz0046	45	50	1425	2074	桥边河	Ⅲ类	宜昌高新区	电子信息产业园	173.23
		45	50	1425	2074	桥边河	Ⅲ类	点军区	桥边镇	328.05

续表

序号	统一码	总规编码	总规编码修改	总规融合码	汇水单元码	流域	水质目标	所在区	所在乡镇/园区	面积/hm^2
35	yz0047	46	51	1426	2075	桥边河	Ⅳ类	宜昌高新区	电子信息产业园	179.2
36	yz0048	47	52	1429	2080	长江	Ⅳ类	点军区	艾家镇	174.53
		47	52	1429	2080	长江	Ⅳ类	点军区	点军街道	878.08
37	yz0049	48	53	1431	2082	桥边河	Ⅳ类	宜昌高新区	电子信息产业园	5.93
		48	53	1431	2082	桥边河	Ⅳ类	点军区	点军街道	15.20
		48	53	1431	2082	桥边河	Ⅳ类	点军区	联棚乡	532.18
38	yz0050	49	54	1432	2083	桥边河	Ⅲ类	点军区	点军街道	27.29
		49	54	1432	2083	桥边河	Ⅲ类	点军区	联棚乡	527.48
39	yz0051	50	55	1434	2085	桥边河	Ⅳ类	点军区	联棚乡	26.89
		50	55	1434	2085	桥边河	Ⅳ类	点军区	土城乡	243.79
		50	55	1434	2085	桥边河	Ⅳ类	宜昌高新区	电子信息产业园	856.74
40	yz0052	51	56	1437	2088	桥边河	Ⅲ类	点军区	土城乡	551.01
41	yz0054	53	58	1442	2096	桥边河	Ⅳ类	点军区	土城乡	728.66
42	yz0058	57	62	1454	2110	柏临河	Ⅲ类	宜昌高新区	生物产业园区	42.44
		57	62	1454	2110	柏临河	Ⅲ类	宜昌高新区	生物产业园区	167.67
43	yz0059	58	63	1456	2113	桥边河	Ⅳ类	点军区	土城乡	7.78
		58	63	1456	2113	桥边河	Ⅳ类	宜昌高新区	电子信息产业园	17.19
		58	63	1456	2113	桥边河	Ⅳ类	点军区	联棚乡	2 237.93
44	yz0062	61	66	1466	2124	桥边河	Ⅳ类	点军区	土城乡	789.35

续表

序号	统一码	总规编码	总规编码修改	总规融合码	汇水单元码	流域	水质目标	所在区	所在乡镇/园区	面积/hm^2
45	yz0065	64	69	1480	2140	长江	Ⅲ类	伍家岗区	伍家乡	1 265.63
46	yz0066	65	70	1482	2143	简当河	Ⅲ类	猇亭区	虎牙乡	323.03
47	yz0069	68	73	1503	2169	桥边河	Ⅳ类	点军区	联棚乡	14.93
		68	73	1503	2169	桥边河	Ⅳ类	点军区	土城乡	521.81
48	yz0070	69	74	1519	2190	长江	Ⅲ类	猇亭区	云池街道	24.91
		69	74	1519	2190	长江	Ⅲ类	猇亭区	虎牙乡	1 465.93
49	yz0072	71	76	1528	2202	长江	Ⅲ类	伍家岗区	伍家乡	13.21
		71	76	1528	2202	长江	Ⅲ类	猇亭区	虎牙乡	878.57
50	yz0074	73	78	1533	2207	清江	Ⅲ类	点军区	艾家镇	67.53
		73	78	1533	2207	清江	Ⅲ类	点军区	联棚乡	626.61
51	yz0075	74	79	1536	2210	长江	Ⅲ类	点军区	艾家镇	1 445.74
52	yz0085	84	89	1606	2291	长江	Ⅱ类	猇亭区	古老背乡	289.95
		84	89	1606	2291	长江	Ⅱ类	猇亭区	虎牙乡	811.44
53	yz0088	87	92	1634	2323	玛瑙河	Ⅲ类	猇亭区	云池街道	147.66
54	yz0089	88	93	1636	2325	长江	Ⅳ类	猇亭区	云池街道	30.32
		88	93	1636	2325	长江	Ⅳ类	猇亭区	古老背乡	767.52
		88	93	1636	2325	长江	Ⅳ类	猇亭区	虎牙乡	795.98
55	yz0092	91	98	1740	2463	长江	Ⅱ类	宜昌高新区	白洋工业园区	156.27
		91	98	1740	2463	长江	Ⅱ类	猇亭区	云池街道	791.12

续表

序号	统一码	总规编码	总规编码修改	总规融合码	汇水单元码	流域	水质目标	所在区	所在乡镇/园区	面积/hm^2
56	yz0094	93	100	1767	2500	玛瑙河	Ⅲ类	猇亭区	云池街道	37.58
		93	100	1767	2500	玛瑙河	Ⅲ类	宜昌高新区	白洋工业园区	190.99
57	yz0095	94	101	1768	2501	玛瑙河	Ⅲ类	宜昌高新区	白洋工业园区	13.63
58	yz0096	95	102	1792	2529	长江	Ⅱ类	宜昌高新区	白洋工业园区	127.87
		95	102	1792	2529	长江	Ⅱ类	猇亭区	云池街道	137.65
59	yz0097	96	103	1804	2542	玛瑙河	Ⅲ类	宜昌高新区	白洋工业园区	325.43
60	yz0098	97	104	1816	2554	玛瑙河	Ⅲ类	宜昌高新区	白洋工业园区	180.42
61	yz0099	98	105	1818	2557	玛瑙河	Ⅲ类	宜昌高新区	白洋工业园区	838.48
62	yz0100	99	106	1823	2565	玛瑙河	Ⅲ类	宜昌高新区	白洋工业园区	69.35
63	yz0101	100	108	1828	2572	长江	Ⅲ类	宜昌高新区	白洋工业园区	759.34
64	yz0102	101	109	1835	2584	玛瑙河	Ⅲ类	宜昌高新区	白洋工业园区	517.01
65	yz0103	102	110	1849	2599	玛瑙河	Ⅲ类	宜昌高新区	白洋工业园区	82.42
66	yz0104	103	111	1883	2639	玛瑙河	Ⅲ类	宜昌高新区	白洋工业园区	163.49
67	yz0105	104	112	1886	2642	玛瑙河	Ⅲ类	宜昌高新区	白洋工业园区	627.03
68	yz0106	105	113	1889	2645	长江	Ⅲ类	宜昌高新区	白洋工业园区	442.58
69	yz0107	106	115	1894	2650	长江	Ⅲ类	宜昌高新区	白洋工业园区	631.88
70	yz0108	107	117	1915	2674	玛瑙河	Ⅲ类	宜昌高新区	白洋工业园区	640.12
71	yz0109	108	120	1933	2695	玛瑙河	Ⅲ类	宜昌高新区	白洋工业园区	418.89
72	yz0110	109	121	1953	2719	玛瑙河	Ⅲ类	宜昌高新区	白洋工业园区	985.74

续表

序号	统一码	总规编码	总规编码修改	总规融合码	汇水单元码	流域	水质目标	所在区	所在乡镇/园区	面积/hm^2
73	yz0111	110	122	1954	2720	玛瑙河	Ⅲ类	宜昌高新区	白洋工业园区	256.72
74	yz0112	111	123	1956	2722	长江	Ⅱ类	宜昌高新区	白洋工业园区	810.3
75	yz0113	112	124	1959	2725	长江	Ⅱ类	宜昌高新区	白洋工业园区	1 399.87
76	yz0114	113	125	1983	2752	长江	Ⅲ类	宜昌高新区	白洋工业园区	619.68
77	yz0115	114	126	2011	2787	长江	Ⅲ类	宜昌高新区	白洋工业园区	1 425.57
78	yz0116	115	127	2013	2789	长江	Ⅲ类	宜昌高新区	白洋工业园区	580.76
79	yz0117	116	128	2057	2840	长江	Ⅱ类	宜昌高新区	白洋工业园区	701.9
80	yz0119	118	130	2096	2892	长江	Ⅲ类	宜昌高新区	白洋工业园区	124.8
81	yz0120	119	131	2121	2920	长江	Ⅲ类	宜昌高新区	白洋工业园区	4.16
82	yz0121	120	132	2527	2068	长江	Ⅳ类	点军区	联棚乡	567.97
		120	132	2527	2068	长江	Ⅳ类	点军区	点军街道	1 006.84
83	yz0123	122	134	2603	2380	长江	Ⅱ类	猇亭区	云池街道	730.84
84	yz0124	123	135	2604	2471	长江	Ⅲ类	宜昌高新区	白洋工业园区	1 592.09
85	yz0127	126	138	2617	2068	长江	Ⅳ类	点军区	艾家镇	36.46
		126	138	2617	2068	长江	Ⅳ类	点军区	联棚乡	975.27
86	yz0130	129	144	1412	2058	桥边河	Ⅳ类	点军区	桥边镇	13.44
		129	144	1412	2058	桥边河	Ⅳ类	宜昌高新区	电子信息产业园	54.75
		129	144	1412	2058	桥边河	Ⅳ类	点军区	土城乡	409.38

续表

序号	统一码	总规编码	总规编码修改	总规融合码	汇水单元码	流域	水质目标	所在区	所在乡镇/园区	面积/hm^2
87	yz0131	130	145	1355	1992	桥边河	Ⅲ类	点军区	桥边镇	159.61
		130	145	1355	1992	桥边河	Ⅲ类	点军区	土城乡	646.98
88	yz0132	131	146	1355	1992	桥边河	Ⅲ类	点军区	桥边镇	765.44
		131	146	1355	1992	桥边河	Ⅲ类	点军区	土城乡	1 210.69
89	yz0137	136	151	1354	1991	长江	Ⅱ类	西陵区	窑湾街道	4.04
		136	151	1354	1991	长江	Ⅱ类	西陵区	建城区	219.45
		136	151	1354	1991	长江	Ⅱ类	西陵区	长江三峡风景名胜区宜昌管理局	273.32
		136	151	1354	1991	长江	Ⅱ类	点军区	点军街道办事处	546.53
90	yz0138	137	152	1312	1943	长江	Ⅲ类	点军区	桥边镇	464.74
		137	152	1312	1943	长江	Ⅲ类	点军区	点军街道办事处	680.23
91	yz0139	138	153	1312	1943	长江	Ⅲ类	点军区	点军街道办事处	348.82
92	yz0140	139	154	1312	1943	长江	Ⅲ类	西陵区	建城区	67.98
		139	154	1312	1943	长江	Ⅲ类	点军区	点军街道办事处	296.49
93	yz0141	140	155	1312	1943	长江	Ⅲ类	宜昌高新区	东山园区	10.85
		140	155	1312	1943	长江	Ⅲ类	西陵区	建城区	981.46
94	yz0142	141	156	1457	2114	长江	Ⅲ类	点军区	点军街道办事处	2.46
		141	156	1457	2114	长江	Ⅲ类	点军区	艾家镇	548.72

续表

序号	统一码	总规编码	总规编码修改	总规融合码	汇水单元码	流域	水质目标	所在区	所在乡镇/园区	面积/hm^2
95	yz0143	142	157	1480	2140	长江	Ⅲ类	点军区	艾家镇	46.9
		142	157	1480	2140	长江	Ⅲ类	西陵区	窑湾街道	67.13
		142	157	1480	2140	长江	Ⅲ类	伍家岗区	伍家乡	1 633.68
96	yz0145	144	159	1480	2140	长江	Ⅲ类	点军区	艾家镇	1 031.225 4
97	yz0146	145	160	1480	2140	长江	Ⅲ类	点军区	艾家镇	416.22
98	yz0147	146	161	1416	2062	柏临河	Ⅲ类	宜昌高新区	生物产业园区	37.5
		146	161	1416	2062	柏临河	Ⅲ类	宜昌高新区	生物产业园区	77.19
99	yz0148	147	162	1416	2062	柏临河	Ⅲ类	宜昌高新区	生物产业园区	269.86
		147	162	1416	2062	柏临河	Ⅲ类	伍家岗区	伍家乡	167.84
100	yz0149	148	163	1312	1943	长江	Ⅲ类	西陵区	建城区	386.91
101	yz0150	149	164	1377	2018	长江	Ⅳ类	宜昌高新区	东山园区	235.68
		149	164	1377	2018	长江	Ⅳ类	西陵区	窑湾街道	5.47
		149	164	1377	2018	长江	Ⅳ类	伍家岗区	伍家乡	14.78
102	yz0151	150	166	1462	2120	柏临河	Ⅲ类	宜昌高新区	生物产业园区	14.62
		150	166	1462	2120	柏临河	Ⅲ类	宜昌高新区	生物产业园区	40.1
		150	166	1462	2120	柏临河	Ⅲ类	伍家岗区	伍家乡	1 047.79
103	yz0153	152	168	1462	2120	柏临河	Ⅲ类	宜昌高新区	生物产业园区	20.61
		152	168	1462	2120	柏临河	Ⅲ类	宜昌高新区	生物产业园区	290.37
		152	168	1462	2120	柏临河	Ⅲ类	伍家岗区	伍家乡	506.21

续表

序号	统一码	总规编码	总规编码修改	总规融合码	汇水单元码	流域	水质目标	所在区	所在乡镇/园区	面积/hm^2
104	yz0155	154	170	1543	2218	长江	Ⅲ类	伍家岗区	伍家乡	158.8
		154	170	1543	2218	长江	Ⅲ类	猇亭区	虎牙乡	867.5
105	yz0156	155	171	1519	2190	长江	Ⅲ类	猇亭区	虎牙乡	228.74
		155	171	1519	2190	长江	Ⅲ类	伍家岗区	伍家乡	511.5
106	yz0157	156	172	1543	2218	长江	Ⅲ类	伍家岗区	伍家乡	557.61
107	yz0158	157	173	1636	2325	长江	Ⅳ类	猇亭区	虎牙乡	6.63
		157	173	1636	2325	长江	Ⅳ类	猇亭区	古老背乡	510.95
		157	173	1636	2325	长江	Ⅳ类	猇亭区	云池街道	966.1
108	yz0159	158	174	1687	2390	长江	Ⅴ类	猇亭区	云池街道	39.94
		158	174	1687	2390	长江	Ⅴ类	猇亭区	古老背乡	65.24
		158	174	1687	2390	长江	Ⅴ类	猇亭区	虎牙乡	152.32
109	yz0160	159	175	1959	2725	长江	Ⅱ类	宜昌高新区	白洋工业园区	522.07
110	yz0161	160	142	2602	2380	长江	Ⅱ类	猇亭区	云池街道	701.12
111	yz0163	162	9	1240	1868	长江	Ⅱ类	西陵区	长江三峡风景名胜区宜昌管理局	756.55

注：部分小于 1 hm^2 的行政区划识别地块做了删除。

表 7-14 宜昌市中心城区水环境质量绿线区水质控制单元分布

<table>
<tr><th>序号</th><th>统一码</th><th>总规编码</th><th>总规编码修改</th><th>总规融合码</th><th>汇水单元码</th><th>流域</th><th>水质目标</th><th>所在区县</th><th>所在乡镇</th><th>面积/hm²</th></tr>
<tr><td>1</td><td>yz0002</td><td>1</td><td>1</td><td>1113</td><td>1731</td><td>长江</td><td>Ⅲ类</td><td>西陵区</td><td>长江三峡风景名胜区宜昌管理局</td><td>114.35</td></tr>
<tr><td>2</td><td>yz0003</td><td>2</td><td>2</td><td>1139</td><td>1761</td><td>长江</td><td>Ⅲ类</td><td>西陵区</td><td>长江三峡风景名胜区宜昌管理局</td><td>236.37</td></tr>
<tr><td>3</td><td>yz0005</td><td>4</td><td>4</td><td>1211</td><td>1835</td><td>长江</td><td>Ⅲ类</td><td>点军区</td><td>桥边镇</td><td>124.54</td></tr>
<tr><td>4</td><td>yz0006</td><td>5</td><td>5</td><td>1212</td><td>1836</td><td>长江</td><td>Ⅲ类</td><td>点军区</td><td>桥边镇</td><td>3 743.69</td></tr>
<tr><td>5</td><td>yz0010</td><td>9</td><td>12</td><td>1256</td><td>1885</td><td>长江</td><td>Ⅲ类</td><td>点军区</td><td>桥边镇</td><td>31.9</td></tr>
<tr><td>6</td><td>yz0012</td><td>11</td><td>14</td><td>1264</td><td>1893</td><td>长江</td><td>Ⅲ类</td><td>点军区</td><td>土城乡</td><td>155.43</td></tr>
<tr><td>7</td><td>yz0017</td><td>16</td><td>21</td><td>1329</td><td>1964</td><td>桥边河</td><td>Ⅳ类</td><td>点军区</td><td>桥边镇</td><td>806.67</td></tr>
<tr><td>8</td><td>yz0020</td><td>19</td><td>24</td><td>1340</td><td>1976</td><td>桥边河</td><td>Ⅲ类</td><td>点军区</td><td>土城乡</td><td>1 616.05</td></tr>
<tr><td>9</td><td>yz0026</td><td>25</td><td>30</td><td>1375</td><td>2014</td><td>桥边河</td><td>Ⅲ类</td><td>点军区</td><td>土城乡</td><td>482.88</td></tr>
<tr><td>10</td><td>yz0061</td><td>60</td><td>65</td><td>1461</td><td>2119</td><td>桥边河</td><td>Ⅳ类</td><td>点军区</td><td>联棚乡</td><td>525.61</td></tr>
<tr><td rowspan="2">11</td><td rowspan="2">yz0064</td><td>63</td><td>68</td><td>1478</td><td>2138</td><td>简当河</td><td>Ⅲ类</td><td>猇亭区</td><td>虎牙街道</td><td>57.89</td></tr>
<tr><td>63</td><td>68</td><td>1478</td><td>2138</td><td>简当河</td><td>Ⅲ类</td><td>伍家岗区</td><td>伍家乡</td><td>483.88</td></tr>
<tr><td rowspan="3">12</td><td rowspan="3">yz0067</td><td>66</td><td>71</td><td>1497</td><td>2162</td><td>桥边河</td><td>Ⅲ类</td><td>宜昌高新区</td><td>电子信息产业园</td><td>11.27</td></tr>
<tr><td>66</td><td>71</td><td>1497</td><td>2162</td><td>桥边河</td><td>Ⅲ类</td><td>点军区</td><td>联棚乡</td><td>32.32</td></tr>
<tr><td>66</td><td>71</td><td>1497</td><td>2162</td><td>桥边河</td><td>Ⅲ类</td><td>点军区</td><td>土城乡</td><td>554.05</td></tr>
<tr><td>13</td><td>yz0071</td><td>70</td><td>75</td><td>1523</td><td>2194</td><td>丹水</td><td>Ⅲ类</td><td>点军区</td><td>土城乡</td><td>19.27</td></tr>
<tr><td>14</td><td>yz0073</td><td>72</td><td>77</td><td>1529</td><td>2203</td><td>丹水</td><td>Ⅲ类</td><td>点军区</td><td>土城乡</td><td>24.92</td></tr>
</table>

续表

序号	统一码	总规编码	总规编码修改	总规融合码	汇水单元码	流域	水质目标	所在区县	所在乡镇	面积/hm^2
15	yz0076	75	80	1537	2211	丹水	Ⅲ类	点军区	土城乡	44
16	yz0077	76	81	1539	2213	丹水	Ⅲ类	点军区	联棚乡	52.01
		76	81	1539	2213	丹水	Ⅲ类	点军区	土城乡	148.72
17	yz0078	77	82	1545	2220	清江	Ⅲ类	点军区	联棚乡	1 566.78
18	yz0079	78	83	1547	2223	丹水	Ⅲ类	点军区	土城乡	21.49
19	yz0080	79	84	1549	2225	丹水	Ⅲ类	点军区	土城乡	5.55
20	yz0081	80	85	1553	2229	清江	Ⅲ类	点军区	联棚乡	62.82
		80	85	1553	2229	清江	Ⅲ类	点军区	艾家镇	157.54
21	yz0082	81	86	1563	2241	长江	Ⅲ类	点军区	艾家镇	1 095.7
22	yz0083	82	87	1584	2262	长江	Ⅴ类	点军区	艾家镇	323.86
23	yz0084	83	88	1590	2269	丹水	Ⅲ类	点军区	联棚乡	105.2
24	yz0086	85	90	1612	2297	丹水	Ⅲ类	点军区	联棚乡	15.78
25	yz0087	86	91	1620	2308	长江	Ⅲ类	点军区	艾家镇	58.88
26	yz0090	89	94	1642	2332	清江	Ⅲ类	点军区	联棚乡	13.72
27	yz0133	132	147	1401	2047	桥边河	Ⅳ类	点军区	桥边镇	32.49
		132	147	1401	2047	桥边河	Ⅳ类	点军区	土城乡	53.4
28	yz0134	133	148	1334	1970	桥边河	Ⅲ类	点军区	土城乡	678.89

续表

序号	统一码	总规编码	总规编码修改	总规融合码	汇水单元码	流域	水质目标	所在区县	所在乡镇	面积/hm^2
29	yz0135	134	149	1212	1836	长江	Ⅲ类	点军区	桥边镇	3.05
		134	149	1212	1836	长江	Ⅲ类	西陵区	长江三峡风景名胜区宜昌管理局	83.36
30	yz0136	135	150	1240	1868	长江	Ⅱ类	点军区	点军街道	278.72
		135	150	1240	1868	长江	Ⅱ类	点军区	桥边镇	331.23
31	yz0144	143	158	1505	2171	长江	Ⅲ类	点军区	艾家镇	396.4
32	yz0152	151	167	1462	2120	柏临河	Ⅲ类	猇亭区	虎牙街道	45.31
		151	167	1462	2120	柏临河	Ⅲ类	伍家岗区	伍家乡	412.44
33	yz0154	153	169	1543	2218	长江	Ⅲ类	点军区	艾家镇	225.13

注：部分小于 1 hm^2 的行政区划识别地块做了删除。

表 7-15　宜昌市中心城区水环境质量分区面积

行政区	水环境质量红线区		水环境质量黄线区		水环境质量绿线区	
	面积/ km^2	占行政区面积比例/%	面积/ km^2	占行政区面积比例/%	面积/ km^2	占行政区面积比例/%
西陵区	6.77	10.12	55.78	83.39	4.34	6.49
伍家岗区	0.00	0.00	71.46	88.85	8.96	11.15
点军区	70.69	14.16	290.75	58.23	137.89	27.61
猇亭区	10.09	8.46	108.19	90.68	1.03	0.86
宜昌高新区	7.60	3.12	235.70	96.83	0.11	0.05
合计	95.16	9.43	761.89	75.48	152.34	15.09

第五节　水环境承载力调控

一、水环境承载力测算

2017 年经过对宜昌市中心城区主要水污染物排放量与理想水环境容量对比，分析中心城区各区水环境承载强度（见表 7-16），承载率超过 1.5 的区域为容量饱和区，承载率在 0.8～1.5 的区域为基本平衡区，承载率小于 0.8 的区域为容量富余区。结合 COD、NH_3-N、TP 三项指标水环境承载力分析，中心城区水环境容量现状总体超载，西陵区 NH_3-N 超载 21.31 倍，COD 超载 6.91 倍，TP 超载 0.78 倍；伍家岗区 NH_3-N 超载 4.59 倍，COD 超载 0.52 倍，TP 超载 2.72 倍；猇亭区 NH_3-N 超载 0.79 倍；宜昌高新区 NH_3-N 超载 0.98 倍。

表 7-16　宜昌市中心城区 2017 年水环境承载率状况

序号	行政区	COD		NH_3-N		TP	
		容量/（t/a）	承载率	容量/（t/a）	承载率	容量/（t/a）	承载率
1	西陵区*	761.84	7.91	35.34	22.31	7.07	1.78
2	伍家岗区*	1 036.55	1.52	51.83	5.59	10.37	3.72
3	点军区	8 015.85	0.56	384.12	0.88	76.82	0.90
4	猇亭区*	1 645.99	0.70	76.57	1.79	15.31	0.52
5	宜昌高新区*	2 922.72	0.78	140.02	1.98	28.00	0.89
	合计	14 382.95	0.88	687.88	2.45	137.58	0.79

注：承载率=污染物排放量/污染物环境容量；

*水环境承载现状超载区域。

二、中心城区水环境承载力调控对策

基于不同行政区水环境承载力的差别及现状承载情况，重点调控西陵区、伍家岗区、猇亭区、宜昌高新区等污染物超载区产业及城镇化建设的结构与布局，限制发展高耗水及高排水的产业，引导形成与水环境承载相协调的产业发展结构与布局。西陵区、伍家岗区重点以控制生活源为主，实施节水及中水回用工程，大幅削减生活污水污染物排放量；西陵区重点减排 COD、NH_3-N 及 TP；伍家岗区应重点削减 NH_3-N、TP 排放总量；点军区应重点整治畜禽养殖污染，做到种养平衡，禁止畜禽养殖废水直排，大幅削减养殖业污染物排放量；猇亭区应以工业废水为主要对象，重点对 TP 实施总量削减；宜昌高新区应重点削减 COD、NH_3-N 排放总量。

加大环保基础设施建设力度，实现中心城区雨污分流及污水收集管网全覆盖，提高污水处理设施处理能力与水平；深入推进中心城区海绵城市规划与建设，提高雨水收集、处理及回用效率，提高城市水源涵养功能，改善地表水环境质量。

全面落实工业产业集聚区环境战略指引。大力实施产业转型升级及绿色发展，推进产业生态化，大力发展循环经济、低碳经济，持续开展企业清洁生产，推广用水梯级循环及废水资源化综合利用，从源头减少水污染物的排放；加大重点行业专项整治力度，严格控制 TP、NH_3-N 等污染物排放强度及总量，强化涉磷工业企业污染治理，集中治理工业集聚区水污染，实现工业园区集中式污水处理厂全覆盖；强化工业园区污水处理厂的提标升级与扩容改造，实现工业园区雨污分流、污水收集管网全覆盖，对污水处理厂污泥开展资源化利用及安全处置；加强船舶港口污染控制，积极开展船舶污染治理，增强港口及码头垃圾、污水收集、转运及处理处置设施建设。依托科技创新和环保产业支撑，提升污水治理水平，全面改善水环境质量；完善水环境监测网络，提高环境监管能力，严格落实重点水环境控制单元环境质量目标管理与考核制度，对流域实施精细化管理。

加大农业面源 TP 排放控制力度。全面防治畜禽养殖污染。全面贯彻落实畜禽养殖“三区”与区域布局方案，调整优化养殖业布局。禁养区内全面淘汰规模化养殖业，分期分批关闭禁养区内规模化畜禽养殖场、养殖专业户。积极实施畜禽养殖综合治理，推行清洁种植、生态养殖、种养结合的生态农业模式。

加强生活污水收集与处理能力建设。大力推广节水新技术和新方法，开展中水回用，促进水资源的节约与循环利用；推广使用无磷洗涤剂，倡导低碳节水生活方式；进一步加强污水收集管网建设，因地制宜推进雨污分流和现有合流管网系统的改造，提高城镇污水管网覆盖率和污水处理设施处理效率，城镇生活污水处理厂出水不低于一级 A 标准，污泥实行稳定化、无害化和资源化处理处置，到 2030 年，消除劣Ⅴ类水体。

全面推行河（湖）长制，实施流域污染综合治理，重点整治超标流域，统筹陆上、水上各类污染源，一河（湖）一策，系统整治。流域上下游各级政府、各部门之间加强协调配合、定期会商，实施联合监测、联合执法、应急联动、信息共享。

第八章　大气环境质量分区管控

第一节　大气环境质量分区细化原则

按照《环境总规》确定的大气源头敏感性、聚集脆弱性和受体重要性评价的总体思路，结合“三线一单”技术指南，细化宜昌市中心城区大气环境质量红线区、黄线区边界和空间管控措施，具体细化原则如下：

一、现有大气环境质量红线区面积原则不减少；

二、法定自然保护区、受体重要区优先保护，结合中心城区特殊的地形特征，对布局极敏感区从严管控，依据法定自然保护地最新矢量图核定大气环境功能一类区，结合中心城区土地利用总体规划和乡镇、村庄规划矢量图核定人口集中区边界范围，按受体重要区从严管控；

三、结合工业园区规划图核定高排放区边界，结合大气源头敏感性、聚集脆弱性评价结果进一步核定布局敏感区、弱扩散区边界；

四、兼顾保护与发展，预留社会经济合理的发展空间，将合法合规的工业园区原则上纳入黄线区，按重点管控区的要求管理，但与中心城区人口密集区混杂的工业园区以及工业园区内以居住、文教、商贸为主的人口密集区纳入受体重要区管理；

五、按照刚性与弹性管理相结合的原则，大气环境质量红线区实行分区分类管理，红线区中大气环境功能一类区、受体重要区、布局极敏感区实行差别化管理；黄线区内布局敏感区和弱扩散区、高排放区、超标区结合环境质量及排放总量控制的差异实施松紧有别的管控政策，引导产业结构和产业布局优化调整。

第二节　大气环境质量分区细化方法与结果

一、技术路线

结合经济社会发展规划、城乡总体规划、工业园区规划及规划环评确定区域大气污染物排放的需求。按照《环境总规》大气环境质量分区的基本原则，吸收“三线一单”技术方法，从分区边界、地块清单、管控政策等方面对大气环境质量分区成果进行细化完善，建立大气环境质量红线区、黄线区地块清单，细化完善针对性管控制度；结合大气环境承载率分析，提出大气环境承载调控及环境空气质量改善的主要措施。大气环境质量分区细化技术路线图见图 8-1。

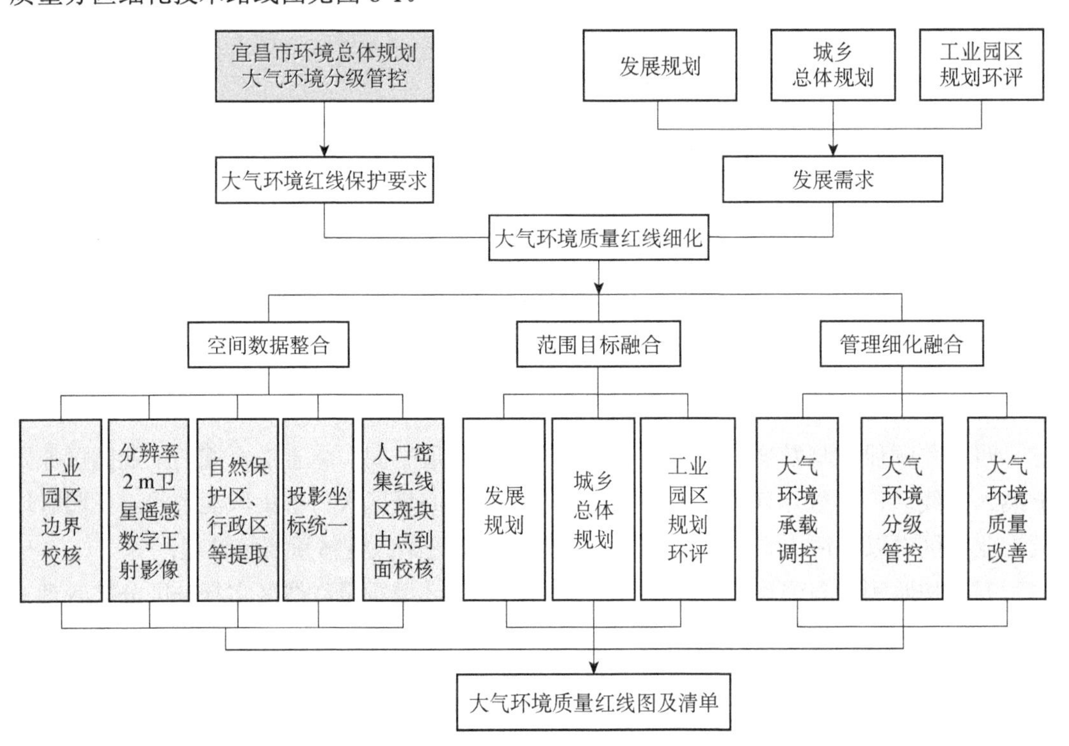

图 8-1　大气环境质量分区细化技术路线

二、细化内容

（一）大气环境功能一类区边界核定

结合湖北省生态保护红线、法定自然保护地最新规划成果，按照“三线一单”技术指南要求，核定中心城区大气环境功能一类区边界，全部纳入大气环境质量红线区管控。

（二）受体重要区边界核定

《环境总规》根据受体重要性评价，将人口密集区及人口集中区划定为受体重要区，纳入大气环境质量红线区管控。由于《环境总规》在编制时基础数据较为欠缺，同时受城乡规划的更新等因素影响，因此，受体重要区边界不够准确。《环境控规》编制中以 1∶10 000 土地利用数据为基础，依据中心城区土地利用规划、乡镇总体规划、村庄规划确定的成片居住、文教、商贸用地范围，核定中心城区受体重要区边界。

（三）大气环境质量黄线区边界核定

原则上将工业园区纳入黄线区管控，为中心城区预留合理的发展空间。以各工业园区总体规划及规划环评成果为基础，结合土地利用总体规划、乡镇总体规划、村庄规划等相关规划，将以排放大气污染为主的工业用地片区作为高排放区，纳入大气环境质量黄线区。湖北西陵经济技术开发区、宜昌高新区东山园区由于与中心城区大面积居住、文教区混杂，将该类区域核定为布局极敏感区，纳入大气环境质量黄线区管理。

（四）大气环境质量绿线区核定

鉴于中心城区人口密集程度高、较全市其他县市区环境空气扩散条件弱、污染物聚集敏感性强，同时，中心城区环境空气质量现状距离二级标准还有较大差距，因此，《环境控规》阶段将《环境总规》中绿线区提级为黄线区进行管控，中心城区范围内不设绿线区。

（五）大气环境质量分区管控政策细化

为落实《环境总规》中大气环境红线管理政策，《环境总规》将进一步细化大气环境质量分区管理制度措施，按照分区分级分类的思路，完善各类区域大气环境质量管控政策，强化对大气环境质量黄线区的管控，促进环境空气质量的整体改善。

三、细化结果

（一）大气环境质量红线区校核结果

依据中心城区各区行政边界、生态功能控制线划定成果以及城市总体规划、乡镇及村庄土地利用规划图形数据对中心城区的人口密集区、人口集中区、法定自然保护地、布局极敏感区（上风向源头极敏感地区、聚集极脆弱地区等）划定结果核定大气环境质量红线区边界及地块清单，中心城区大气环境红线区面积为 627.6 km^2，占中心城区国土面积的 62.18%，包含 30 个地块（见表 8-1），主要为法定自然保护地、布局极敏感区域、白洋工业园及宜昌生物产业园内规划的人口密集区等。

（二）大气环境质量黄线区校核结果

在上述红线区核定的基础上，结合工业园区总体规划及其规划环评、卫星遥感影像和城乡规划等数据，以高排放区（工业园区）、布局敏感区和弱扩散区为重点，核定大气环境质量黄线区边界的地块清单。中心城区大气环境质量黄线区面积为 381.77 km^2，占国土面积的 37.82%，包含 14 个地块，主要为白洋工业园、猇亭工业园、湖北伍家岗工业园等工业园区（以居住、文教为主的规划人口集中区除外）。

宜昌市中心城区大气环境质量分区管控见图 8-2。大气环境质量分区面积统计情况见表 8-3。

第三节　大气环境质量分区面积与《环境总规》对比统计

一、大气环境质量分区与《环境总规》对比

宜昌市中心城区大气环境质量空间分区与《环境总规》对比分析详见表 8-4。与《环境总规》相比，中心城区四个行政区（西陵区、伍家岗区、点军区、猇亭区）大气环境质量红线区面积为 594.33 km^2，减少了 42.09 km^2（6.61%），黄线区面积为 220.35 km^2，增加了 78.66 km^2（55.52%），不设大气环境质量绿线区。

表 8-1　中心城区大气环境质量红线区 30 个地块清单

清单编码	图形编号	地块名称	类型	面积/km²	管控区分类	大气环境管控要求	区县
YS42050213100001	1	西陵峡口猕猴自然保护小区	大气环境功能一类区	1.32	大气环境优先保护区	执行环境空气质量一级标准，原则上禁止新建排放大气污染物的工业项目（农产品就地加工和仓储、农业废弃物资源综合利用、地质勘查、居民服务业等低污染项目除外，以上项目对新增二氧化硫、氮氧化物、颗粒物、挥发性有机物实行区域大气污染物二倍量削减），现有工业企业大气排放源（燃煤锅炉、工业炉窑等）限期关闭；在符合法律法规要求的前提下，实施露天矿山关停整合，限期关停环保不达标、不规范的矿山，严格控制露天矿山数量，不新增大气污染物排放总量，并实施矿山生态修复；禁止使用煤、煤矸石、原油、重油、渣油、煤焦油、石油焦、油页岩以及污染物含量超过国家限值的柴油、煤油等高污染燃料；禁止焚烧秸秆、工业废弃物、环卫清扫物、建筑垃圾、生活垃圾等废弃物；加强餐饮等服务业燃料烟气及油烟污染防治，使用天然气、液化石油气、太阳能、电能等清洁能源	西陵区
YS42050213100002	2	西陵白鹭自然保护小区	大气环境功能一类区	0.6	大气环境优先保护区		西陵区
YS42050213100003	6	长江三峡风景名胜区（非核心区）	大气环境功能一类区	7.8	大气环境优先保护区		西陵区
YS42050213100004	7	长江三峡风景名胜区西陵峡景区（北岸）	大气环境功能一类区	13.9	大气环境优先保护区		西陵区
YS42050413100001	11	文佛山自然保护小区	大气环境功能一类区	10	大气环境优先保护区		点军区
YS42050413100002	12	长江三峡风景名胜区车溪景区	大气环境功能一类区	25.83	大气环境优先保护区		点军区
YS42050413100003	13	峡口—牛扎坪风景区	大气环境功能一类区	179.0	大气环境优先保护区		点军区
YS42050413100004	17	长江三峡风景名胜区西陵峡景区（南岸）	大气环境功能一类区	13.8	大气环境优先保护区		点军区
YS42050413100005	18	长江三峡风景名胜区（非核心区）	大气环境功能一类区	4.1	大气环境优先保护区		点军区
YS42050513100001	19	猇亭小鹿自然保护小区	大气环境功能一类区	2.13	大气环境优先保护区		猇亭区
YS42050513100002	20	天湖自然保护小区	大气环境功能一类区	5.76	大气环境优先保护区		猇亭区

续表

清单编码	图形编号	地块名称	类型	面积/km^2	管控区分类	大气环境管控要求	区县
YS42050513100003	21	猇亭白鹭自然保护小区	大气环境功能一类区	3.33	大气环境优先保护区		猇亭区
YS42050313100001	29	四陵坡白鹭自然保护小区	大气环境功能一类区	5.2	大气环境优先保护区		宜昌高新区
YS42050313100002	30	四陵坡白鹭自然保护小区	大气环境功能一类区	4.8	大气环境优先保护区		宜昌高新区
YS42050223300001	3	西陵区布局敏感红线区	布局敏感区	20.5	大气环境重点管控区	执行环境空气质量二级标准，禁止新（改、扩）建除热电联产以外的煤电、建材、焦化、有色、石化、化工等行业中的高污染、高排放项目；禁止新建涉及有毒有害气体排放的化工项目；新（改、扩）建其他项目实行区域大气污染物二倍量削减	西陵区
YS42050223300002	5	湖北西陵经济技术开发区	布局敏感区	4.9	大气环境重点管控区		西陵区
YS42050323100002	10	伍家岗区布局敏感红线区	布局敏感区	5.3	大气环境重点管控区		伍家岗区
YS42050423300001	14	点军区布局敏感红线区	布局敏感区	118.1	大气环境重点管控区		点军区
YS42050423300001	15	点军区布局敏感红线区	布局敏感区	58.4	大气环境重点管控区		点军区
YS42050223300001	25	宜昌高新区东山园区	布局敏感区	11.4	大气环境重点管控区		宜昌高新区
YS42050323200004	28	白洋工业园白洋新城	布局敏感区	12.1	大气环境重点管控区		宜昌高新区

续表

清单编码	图形编号	地块名称	类型	面积/km^2	管控区分类	大气环境管控要求	区县
YS42050223100001	4	西陵区人口密集区	受体重要区	18.5	大气环境重点管控区	禁止新建、扩建排放大气污染物的工业项目及露天矿山，禁止新增工业大气污染物；城市基础设施建设期间配套的临时工程应对废气污染物全收集、全治理，并实行区域大气污染物二倍量削减；产生大气污染物的工业企业应持续开展节能减排，大气污染严重的工业企业限期关停或逐步迁出；执行“高污染燃料禁燃区”的管理规定；禁止焚烧秸秆、工业废弃物、环卫清扫物、建筑垃圾、生活垃圾等废弃物；加强餐饮等服务业燃料烟气及油烟防治，推广使用天然气、液化石油气、太阳能、电能等清洁能源，居民气化率逐步达到100%；重点防控机动车船废气排放，实施宜昌籍船舶清洁能源改造，提高船舶“燃气化率”，实现港口码头岸电全覆盖，严控停靠船舶燃油废气排放；全面整治“散乱污”，实施城市扬尘污染防治方案，城市建设文明施工全面普及，严格控制扬尘排放；倡导绿色低碳的出行方式和生活方式，降低人均能源消耗量及废气污染物排放量	西陵区
YS42050323100001	8	伍家岗区人口密集区	受体重要区	55.2	大气环境重点管控区		伍家岗区
YS42050323100002	9	湖北伍家岗工业园区人口密集区	受体重要区	0.4	大气环境重点管控区		伍家岗区
YS42050423100001	16	点军区街道人口密集区	受体重要区	18.4	大气环境重点管控区		点军区
YS42050523100001	22	虎牙街道人口集中区	受体重要区	2.1	大气环境重点管控区		猇亭区
YS42050523100002	23	古老背街道人口集中区	受体重要区	8.6	大气环境重点管控区		猇亭区
YS42050523100003	24	云池街道人口集中区	受体重要区	5.5	大气环境重点管控区		猇亭区
YS42050323200002	26	宜昌生物产业园人口密集区	受体重要区	4.5	大气环境重点管控区		宜昌高新区
YS42050323200003	27	宜昌生物产业园人口密集区	受体重要区	6.6	大气环境重点管控区		宜昌高新区

表 8-2　宜昌市中心城区大气环境质量黄线区 14 个地块清单

清单编码	图形编号	地块名称	类型	面积/km^2	管控区分类	区县
YS42050323200002	1	宜昌生物产业园—夷陵区	高排放区	26.6	大气环境重点管控区	宜昌高新区
YS42050323200001	2	宜昌生物产业园—伍家岗区	高排放区	4.2	大气环境重点管控区	宜昌高新区
YS42050323200002	3	湖北伍家岗工业园拓展区	高排放区	1.8	大气环境重点管控区	伍家岗区
YS42050323200003	4	湖北伍家岗工业园花艳片区	高排放区	2.2	大气环境重点管控区	伍家岗区
YS42050323300001	5	伍家岗区布局敏感红线区	布局敏感区	15.5	大气环境重点管控区	伍家岗区
YS42050423300002	6	点军区布局敏感黄线区	布局敏感区	8.2	大气环境重点管控区	点军区
YS42050423400001	7	点军区聚集脆弱黄线区	弱扩散区	63.3	大气环境重点管控区	点军区
YS42050423200001	8	电子信息产业园	高排放区	33.7	大气环境重点管控区	宜昌高新区
YS42050523200001	9	猇亭工业园云池片区	高排放区	5.5	大气环境重点管控区	猇亭区
YS42050523200002	10	猇亭工业园南部园区	高排放区	8.0	大气环境重点管控区	猇亭区
YS42050523200003	11	猇亭工业园北部园区	高排放区	8.9	大气环境重点管控区	猇亭区
YS42050523400001	12	猇亭区聚集脆弱黄线区	弱扩散区	38.2	大气环境重点管控区	猇亭区
YS42050523400002	13	猇亭区聚集脆弱黄线区	弱扩散区	30.9	大气环境重点管控区	猇亭区
YS42058323200100	14	白洋工业园	高排放区	134.6	大气环境重点管控区	宜昌高新区

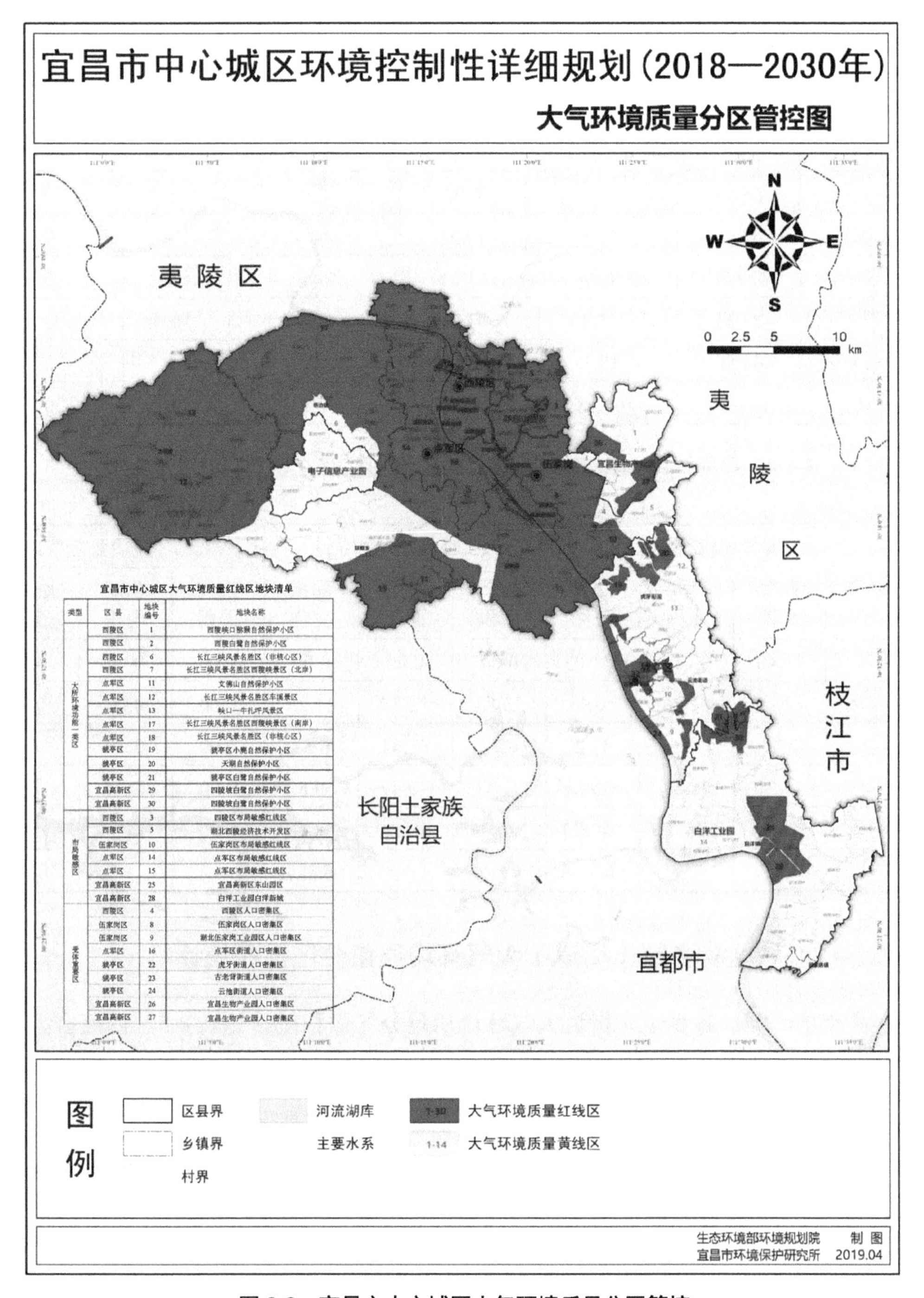

宜昌市中心城区大气环境质量红线区地块清单

类型	区县	地块编号	地块名称
大所环境功能一类区	西陵区	1	西陵峡口猕猴自然保护小区
	西陵区	2	西陵白鹭自然保护小区
	西陵区	6	长江三峡风景名胜区（非核心区）
	西陵区	7	长江三峡风景名胜区西陵峡景区（北岸）
	点军区	11	文佛山自然保护小区
	点军区	12	长江三峡风景名胜区车溪景区
	点军区	13	峡口—牛扎坪风景区
	点军区	17	长江三峡风景名胜区西陵峡景区（南岸）
	点军区	18	长江三峡风景名胜区（非核心区）
	猇亭区	19	猇亭区小麂自然保护小区
	猇亭区	20	天湖自然保护小区
	猇亭区	21	猇亭区白鹭自然保护小区
	宜昌高新区	29	四陵坡白鹭自然保护小区
	宜昌高新区	30	四陵坡白鹭自然保护小区
布局敏感区	西陵区	3	西陵区布局敏感红线区
	西陵区	5	湖北西陵经济技术开发区
	伍家岗区	10	伍家岗区布局敏感红线区
	点军区	14	点军区布局敏感红线区
	点军区	15	点军区布局敏感红线区
	宜昌高新区	25	宜昌高新区东山园区
	宜昌高新区	28	白洋工业园白洋新城
受体重要区	西陵区	4	西陵区人口密集区
	伍家岗区	8	伍家岗区人口密集区
	伍家岗区	9	湖北伍家岗工业园区人口密集区
	点军区	16	点军区街道人口密集区
	猇亭区	22	虎牙街道人口密集区
	猇亭区	23	古老背街道人口密集区
	猇亭区	24	云池街道人口密集区
	宜昌高新区	26	宜昌生物产业园人口密集区
	宜昌高新区	27	宜昌生物产业园人口密集区

图 8-2　宜昌市中心城区大气环境质量分区管控

表 8-3 大气环境质量分区面积统计情况

行政区	大气环境质量红线区		大气环境质量黄线区		大气环境质量绿线区	
	面积/km²	占行政区面积比例/%	面积/km²	占行政区面积比例/%	面积/km²	占行政区面积比例/%
西陵区	66.89	100.0	0.00	0.0	0	0
伍家岗区	60.91	75.7	19.52	24.3	0	0
点军区	427.79	85.7	71.54	14.3	0	0
猇亭区	27.21	23.0	91.31	77.0	0	0
宜昌高新区	44.80	18.3	199.41	81.7	0	0
合计	627.60	62.18	381.77	37.82	0	0

表 8-4 宜昌市中心城区四个区大气环境质量分区面积与《环境总规》对比

单位：km²

行政区	大气环境质量红线区			大气环境质量黄线区			大气环境质量绿线区		
	控规面积	总规面积	面积变化	控规面积	总规面积	面积变化	控规面积	总规面积	面积变化
西陵区	78.40	89.43	−11.03	0.00	0.00	0.00	0.00	0.00	0.00
伍家岗区	60.93	61.36	−0.43	23.83	12.57	11.26	0.00	0.00	0.00
点军区	427.80	439.07	−11.27	105.21	98.63	6.58	0.00	0.35	−0.35
猇亭区	27.21	46.57	−19.36	91.31	30.49	60.82	0.00	47.18	−47.18
面积合计	594.34	636.43	−42.09	220.35	141.69	78.66	0.00	47.53	−47.53
百分比			−6.61%			55.52%			−100.00%

二、中心城区各乡镇（街道）大气环境质量分区面积统计

宜昌市中心城区各乡镇、街道大气环境质量分区面积统计见表 8-5。西陵区、伍家岗区全部为规划建成区，不单独统计各街道分区面积。

表 8-5 宜昌市中心城区各乡镇、街道大气环境质量分区面积统计

行政区	所在乡镇（街道）	大气环境质量红线区		大气环境质量黄线区	
		面积/km²	比例/%	面积/km²	比例/%
西陵区（含东山园区）	—	78.397	100	0	0

续表

行政区	所在乡镇（街道）	大气环境质量红线区		大气环境质量黄线区	
		面积/km^2	比例/%	面积/km^2	比例/%
伍家岗区（含宜昌生物产业园部分区域）	—	60.906	71.85	23.864	28.15
点军区（含电子信息产业园）	点军街道	60.846	100	0	0
	桥边镇	90.542	68.38	41.867	31.62
	艾家镇	57.674	87.36	8.347	12.64
	联棚乡	53.425	55.94	42.076	44.06
	土城乡	165.309	92.75	12.924	7.25
猇亭区	古老背街道	8.537	52.26	7.800	47.74
	云池街道	8.652	18.87	37.199	81.13
	虎牙街道	10.021	17.79	46.314	82.21
夷陵区（宜昌生物产业园部分区域）	龙泉镇（部分行政村）	11.096	29.41	26.638	70.59
枝江市（白洋工业园）	白洋镇	22.305	14.47	131.809	85.53
	顾家店镇（高殿寺村）	0	0	2.156	100

注：按各辖区国土空间矢量边界范围统计。

第四节　大气环境质量分区管控制度

一、大气环境质量红线区管控制度

宜昌市中心城区大气环境质量红线区包括大气环境功能一类区（市级及以上自然保护区、风景名胜区和其他需要特殊保护的区域、森林公园、湿地公园等）、受体重要区（城市人口密集区、城镇人口集中区等）、布局敏感区（上风向源头极敏感地区、聚集极脆弱地区等）。中心城区大气环境质量红线区面积为627.60 km^2，占中心城区国土面积的62.18%。

大气环境功能一类区：执行环境空气质量一级标准，原则上禁止新建排放大气污染物的工业项目（农产品就地加工和仓储、农业废弃物资源综合利用、地质勘查、居民服务业等低污染项目除外，以上项目对新增二氧化硫、氮氧化物、颗粒物、挥发性有机物实行区域大气污染物二倍量削减），现有工业企业大气排放源（燃煤锅炉、工业炉窑等）限期关闭；在符合法律法规要求的前提下，实施露天矿山关停整合，限期关停环保不达标、不规范的矿山，严格控制露天矿山数量，不新增大气污染物排放总量，并实施矿山生态修复；禁止使用煤、煤矸石、原油、重油、渣油、煤焦油、石油焦、油页岩以及污染物含量超过国家限值的柴油、煤油等高污染燃料；禁止焚烧秸秆、工业废弃物、环卫清扫物、建筑垃圾、生活垃圾等废弃物；加强餐饮等服务业燃料烟气及油烟污染防治，使用天然气、液化石油气、太阳能、电能等清洁能源。

受体重要区：执行环境空气质量二级标准，禁止新（扩）建排放大气污染物的工业项目及露天矿山，禁止新增工业大气污染物；城市基础设施建设期间配套的临时工程应对废气污染物全收集、全治理，并实行区域大气污染物二倍量削减；产生大气污染物的工业企业应持续开展节能减排，大气污染严重的工业企业限期关停或逐步迁出；执行“高污染燃料禁燃区”的管理规定；禁止焚烧秸秆、工业废弃物、环卫清扫物、建筑垃圾、生活垃圾等废弃物；加强餐饮等服务业燃料烟气及油烟防治，推广使用天然气、液化石油气、太阳能、电能等清洁能源，居民气化率逐步达到100%；重点防控机动车船废气排放，实施宜昌籍船舶清洁能源改造，提高船舶“燃气化率”，实现港口码头岸电全覆盖，严控停靠船舶燃油废气排放；全面整治“散乱污”，实施城市扬尘污染防治方案，城市建设全面普及文明施工，严格控制扬尘排放；倡导绿色低碳的出行方式和生活方式，不断降低人均能源消耗及废气污染物排放。

布局敏感区：执行环境空气质量二级标准，禁止新（改、扩）建除热电联产以外的煤电、建材、焦化、有色、石化、化工等行业中的高污染、高排放项目；禁止新建涉及有毒有害气体排放的化工项目；新（改、扩）建其他项目实行区域大气污染物二倍量削减（即按照建设项目新增污染物排放量的 2 倍及以上实行区域污染物总量削减替代）。

二、大气环境质量黄线区管控制度

大气环境质量黄线区包括：大气环境功能二类区中的工业集聚区等高排放区域，上风向、扩散通道、环流通道等影响空气质量的布局敏感区域，静风或风速较小的弱扩散区域，涉及对人口集中区有重要影响的区域。大气环境质量黄线区面积为 381.77 km^2，占中心城区国土面积的 37.82%。

总体管控要求：执行大气环境质量二级标准，加快淘汰落后产能和过剩产能，禁止新增过剩产能，严控高耗能产业准入；持续削减工业燃煤消费总量，严把煤炭及油品质量关，除热电联产、集中供热外，禁止新建火电燃煤机组；重点行业执行国家大气污染物特别排放限值；严格防控机动车船废气排放，实现港口码头岸电全覆盖；全面整治“散乱污”，推行文明施工，严控交通源、扬尘、挥发性有机物及工业企业无组织排放废气污染；提升区域大气污染监测预警能力，提高工业园区绿化率。

高排放区：控制工业园及产业集聚区发展规模；严格落实大气污染物达标排放、总量控制、环保设施“三同时”、在线监测、排污许可等环保制度；严格控制区域内火电、石化、化工、冶金、钢铁、建材等高耗能行业产能规模；持续降低工业园区单位GDP 能耗及煤耗、大气污染物排放总量。

弱扩散区及布局敏感区：禁止新建化工园区，禁止建设冶金、钢铁、建材等行业大气污染物排放量大的项目；禁止新建涉及有毒有害气体排放的化工项目；新（改、扩）建其他项目实行区域大气污染物 1.2 倍量削减，即按照建设项目新增污染物排放量的 1.2 倍及以上实行区域污染物总量削减替代。

环境空气质量超标区：除执行以上管控要求外，还应对超标因子实行特别管控，包括禁止新增该类废气污染物；新（改、扩）建项目实行超标污染物 1.5 倍量削减（即按照建设项目新增污染物排放量的 1.5 倍及以上实行超标区域污染物总量削减替代）；大气污染物排放量大的工业企业采取清洁能源改造、高耗能装备产能淘汰、限产、关停或搬迁至大气环境质量绿线区等措施削减超标的大气污染物排放量。

第五节　大气环境承载力调控

一、大气环境承载力测算

采用大气扩散条件不利月份的气象因素，测算中心城区各区域的大气环境容量。宜昌市主城区大气环境容量整体呈现沿长江河谷地带较小，周边山区容量相对较大的特征，中心城区容量相对较小，周边山区大气环境容量相对较大。大气环境承载力总体呈平原河谷较弱、山区较强的特征。

结合 SO_2、NO_x、PM_{10}、$PM_{2.5}$ 四项指标环境空气承载力分析（见表 8-6），2017 年中心城区环境空气总量总体超载，超载因子为颗粒物（PM_{10}、$PM_{2.5}$），除点军区外，其他地区环境容量也存在超载情况，西陵区 SO_2、PM_{10}、$PM_{2.5}$ 分别超载 2.3 倍、12.3 倍、

20.3 倍；伍家岗区 NO_x、SO_2、$PM_{2.5}$ 分别超载 0.2 倍、1.2 倍、0.5 倍；猇亭区 NO_x、SO_2、PM_{10}、$PM_{2.5}$ 分别超载 2.6 倍、1.7 倍、5.2 倍、8.4 倍；宜昌高新区 PM_{10}、$PM_{2.5}$ 分别超载 0.5 倍、1.4 倍。

表 8-6　中心城区 2017 年大气环境承载率状况

序号	行政区	NO_x		SO_2		PM_{10}		$PM_{2.5}$	
		容量/（t/a）	承载率	容量/（t/a）	承载率	容量/（t/a）	承载率	容量/（t/a）	承载率
1	西陵区*	273.4	0.7	358.2	3.3	53.8	13.3	26.9	21.3
2	伍家岗区*	84.7	1.2	288.1	2.2	377.4	1.0	188.7	1.5
3	点军区	2 035.9	0.1	2 667.3	0.1	400.7	0.6	200.4	0.7
4	猇亭区*	438.2	3.6	574.0	2.7	86.2	6.2	43.1	9.4
5	宜昌高新区*	891.5	0.5	1 167.9	0.9	175.5	1.5	87.8	2.4
	中心城区*	2 832.2	0.7	3 887.5	0.9	918.2	1.9	459.1	2.8

注：承载率=污染物排放量/污染物环境容量；
*环境空气承载现状超载区域。

二、大气环境承载力调控对策

基于不同行政区环境空气承载力的差别及现实承载情况，重点强化西陵区、伍家岗区和猇亭区等严重超载、开发潜力较小区域的大气环境质量承载力调控，优化区域内产业城镇发展结构与布局，特别是能源结构和效率，实现能源清洁化。

全面推进达标排放与污染减排。以污染源达标排放为底线，持续推进工业污染源全面达标排放，将烟气在线监测数据作为执法依据，加大超标处罚和联合惩戒力度，未达标排放的企业一律依法停产整治。大气环境超载较重的区域 SO_2、NO_x、$PM_{2.5}$、VOC 优先执行大气污染物特别排放限值。以提高环境质量为核心，以重大减排工程为主要抓手，科学制订总量减排目标，实行“一园区一总量”差别化管理。全面开展“散乱污”综合整治行动。根据产业政策、产业布局规划，以及土地、环保、质量、安全、能耗等要求，制订“散乱污”企业及经营设施整治标准。加大对重点行业挥发性有机物综合整治，重点加强生产过程中排放有机废气的处理。推进各类园区循环化改造、规范发展和提质增效。

严格控制建成区机动车船废气排放和扬尘污染。大力推进国Ⅲ及以下排放标准营运柴油货车提前淘汰更新，加快淘汰采用稀薄燃烧技术和“油改气”的老旧燃气车辆。持续提高机动车燃油执行标准，逐步推广清洁能源汽车。限制高排放船舶驶入中心城区航道，逐步淘汰宜昌籍老旧运输船舶，依法强制报废达到报废年限的运输船舶。2019 年 1 月 1 日起，全面供应符合国Ⅵ标准的车用汽柴油，停止销售低于国Ⅵ标准的汽柴油，实现车用柴油、普通柴油、部分船舶用油“三油并轨”，取消普通柴油标准。

将施工工地扬尘污染防治纳入文明施工管理范畴，建立扬尘控制责任制度，扬尘治理费用列入工程造价。力争大气环境严重超载区域内的建筑施工工地做到工地周边围挡、物料堆放覆盖、土方开挖湿法作业、路面硬化、出入车辆清洗、渣土车辆密闭运输“六个百分之百”，安装在线监测和视频监控设备，并与当地有关主管部门联网。将扬尘管理工作不到位的不良信息纳入建筑市场信用管理体系，情节严重的，列入建筑市场主体“黑名单”。加强道路扬尘综合整治。大力推进道路清扫保洁机械化作业，不断提高道路机械化清扫率。严格渣土运输车辆规范化管理，渣土运输车必须全密闭。

全面禁止秸秆露天焚烧，实施秸秆肥料化、能源化、饲料化、工业化、基料化利用。落实秸秆综合利用补贴政策。2020 年，基本建立比较完善的秸秆收集、储运、加工和利用体系，形成布局合理、多元利用的产业化格局。

第九章　资源利用上线

第一节　能源利用上线

依据“三线一单”技术指南，能源利用上线重点管控能源利用总量、燃煤消费总量、单位地区生产总值能耗、燃煤消费量占能源消费总量的比重四项指标。

将单位地区生产总值能耗列为约束性指标，强化提升产业能源节约集约利用水平，促进低碳生产生活方式的形成；将其他三项指标列为预期性指标，重在对能源总量和结构调整予以引导。能源利用上线四项指标的基准年数据通过发改部门的统计口径确定，结合各区 GDP 年增长率预测值、单位地区生产总值能耗测算 2020 年、2025 年、2030 年各区能源利用总量预测值，按照高污染燃料禁燃区管理规定对各区燃煤消费总量予以严格控制，燃煤消费保留领域主要为热电联产、工业园区集中供热及现状保留的合法燃煤锅炉。

依据以上方法，确定各行政区能源利用上线控制指标及现状值、近期及中远期规划目标值（见表 9-1）。到 2025 年，中心城区能源利用总量控制在 1 002 万 tce/a 以内，燃煤消费总量控制在 183.1 万 tce/a 以内，单位地区生产总值能耗控制在 0.6 tce/万元以下；到 2030 年，中心城区能源利用总量控制在 1 250 万 tce/a 以内，燃煤消费总量控制在 180.6 万 tce/a 以内，单位地区生产总值能耗控制在 0.55 tce/万元以下。

表 9-1　宜昌市中心城区能源利用上线规划指标

指标	2017 年	2020 年	2025 年	2030 年
点军区				
能源利用总量/（万 tce/a）	76.93	≤38.36	≤46.4	≤55
燃煤消费总量/（万 tce/a）	0	0	0	0
单位地区生产总值能耗/（tce/万元）	1.488	≤0.62	≤0.55	≤0.5
燃煤消费量占能源消费总量的比重/%	0	0	0	0

续表

指标	2017年	2020年	2025年	2030年
西陵区				
能源利用总量/（万 tce/a）	237.86	≤260.95	≤314.29	≤373.86
燃煤消费总量/（万 tce/a）	0	0	0	0
单位地区生产总值能耗/（tce/万元）	0.67	≤0.6	≤0.54	≤0.48
燃煤消费量占能源消费总量的比重/%	0	0	0	0
伍家岗区				
能源利用总量/（万 tce/a）	160.12	≤180	≤225.5	≤288
燃煤消费总量/（万 tce/a）	0.001	0	0	0
单位地区生产总值能耗/（tce/万元）	0.67	≤0.6	≤0.55	≤0.5
燃煤消费量占能源消费总量的比重/%	0.02	0	0	0
猇亭区				
能源利用总量/（万 tce/a）	252.81	≤209.93	≤235.54	≤302.88
燃煤消费总量/（万 tce/a）	233.69	≤173.20	≤155.45	≤145.38
单位地区生产总值能耗/（tce/万元）	1.11	≤0.75	≤0.6	≤0.55
燃煤消费量占能源消费总量的比重/%	92.4	≤82.5	≤66	≤48.0
宜昌高新区				
能源利用总量/（万 tce/a）	133.7	≤140.39	≤180.48	≤230.17
燃煤消费总量/（万 tce/a）	1.108 7	≤21.43	≤27.61	≤35.22
单位地区生产总值能耗/（tce/万元）	0.7	≤0.6	≤0.55	≤0.5
燃煤消费量占能源消费总量的比重/%	0.83	≤15.3	≤15.3	≤15.3

注：宜昌高新区白洋园区近期（2020年）规划建设集中供热中心，按2台130 t/h燃煤锅炉燃煤量核算，中远期燃煤消费量占能源消费总量的比重不增加。

推动园区循环化改造，提高产业关联度与循环化程度，积极引进清洁生产技术，推进传统行业重点企业的节能降耗，加大节能技改项目投入力度，积极开展对标达标活动。加快推广高效节能装备应用，鼓励对玻璃熔窑、水泥回转窑、陶瓷辊道窑、工业锅炉等设备实施余热回收、余热发电技术改造，在建材等行业应用高效燃烧器、换热器、蓄能器、冷凝器等设备。鼓励开发区和工业园区实现集中供热和能源梯级利用。

严格控制煤炭消费总量，将煤炭总量作为项目审批的前置条件，以总量定项目，以总量定产能，调整和优化以煤炭为主的能源结构。将全区划分为重点控制区和一般控制区，其中红线区为重点控制区，全面禁煤（热电联产机组和大中型燃煤锅炉除外）；其余区域划定为一般控制区，实施分区管理，推进清洁能源战略，提高气化率。到2030年所有燃煤供热锅炉完成超低排放改造，大气污染物排放达到燃气轮机或天然气锅炉排放标准。

鼓励工业园区研发新的应用技术或是改进能源消耗设备来提高能源的使用效率，对能源消耗超过国家和省级规定的单位产品能耗限额标准的企业和单位，严格落实节能评估审查制度；在农村地区，推进农村生物质能技术，普及和推广先进的沼气技术，以及生物柴油等其他生物质能技术。

第二节　水资源利用上线

一、水资源利用上线控制指标及目标

按照“生活用水适度增长、环境用水控制增长、工业新增用水零增长、农业新增用水负增长”的原则，结合水源条件和区域功能定位，分期确定规划基准年、中长期各行政区的用水总量，作为水资源利用控制线。依据《市人民政府关于实行最严格水资源管理制度的通知》（宜府发〔2014〕10号）、《宜昌市水资源管理委员会办公室关于下达2016—2020年度水资源管理控制指标的通知》（宜水资源委办〔2016〕4号）、《宜昌市水资源管理委员会办公室关于下达2016—2020年度万元GDP用水量控制指标的通知》（宜水资源委办〔2017〕1号）等文件精神，确定2020年全市各地水资源利用上线指标及目标。水资源利用上线管控指标共确定四项，分别为用水总量、万元GDP用水量、万元工业增加值用水量、农田灌溉有效利用系数。将用水总量、农田灌溉有效利用系数两项指标列为约束性指标，强化对水资源消耗总量的强制性管控，将万元GDP用水量、万元工业增加值用水量列为预期性指标，发挥其对产业用水效率的引导作用。万元GDP用水量、万元工业增加值用水量两项指标控制目标按照2025年较2020年降低20%，2030年较2025年降低15%的规划目标进行管控；农田灌溉水利用系数，按照每隔五年提高2%的规划目标进行管控。按照以上方法，确定2025年及2030年规划指标目标值，见表9-2。

表 9-2　宜昌市中心城区水资源利用上线

一、各区年用水总量上线　　单位：亿 m^3/a

序号	地区	2017 年	2020 年	2025 年	2030 年
1	西陵区	1.137	≤1.464	≤1.483	≤1.502
2	伍家岗区	0.517	≤0.565	≤0.581	≤0.596
3	点军区	0.376	≤0.414	≤0.427	≤0.44
4	猇亭区	1.633	≤1.866	≤1.9	≤1.934
合计		3.663	≤4.309	≤4.391	≤4.472

二、地方万元 GDP 用水量上线　　单位：m^3/万元

序号	地区	2017 年	2020 年	2025 年	2030 年
1	西陵区	21.9	≤17.6	≤14.1	≤12
2	伍家岗区	19.4	≤15.6	≤12.5	≤10.6
3	点军区	62.4	≤50.2	≤40.2	≤34.1
4	猇亭区	58.3	≤46.9	≤37.5	≤31.9
平均值		40.50	≤32.58	≤26.1	≤22.2

三、各区万元工业增加值用水量上线　　单位：m^3/万元

序号	地区	2017 年	2020 年	2025 年	2030 年
1	西陵区	10.10	≤8.1	≤6.5	≤5.5
2	伍家岗区	28.50	≤23	≤18.4	≤15.6
3	点军区	21.70	≤17.4	≤13.9	≤11.8
4	猇亭区	58.10	≤46.7	≤37.4	≤31.8
平均值		29.60	≤23.8	≤19.1	≤16.2

四、各区农田灌溉水有效利用系数上线　　单位：%

序号	地区	2017 年	2020 年	2025 年	2030 年
1	西陵区	—	—	—	—
2	伍家岗区	—	—	—	—
3	点军区	54	≥54.6	≥55.6	≥56.8
4	猇亭区	55.4	≥55.7	≥56.8	≥57.9

严格控制水资源开发利用总量，宜昌市中心城区用水总量 2020 年控制在 4.309 亿 m^3/a

以内，2025 年控制在 4.391 亿 m^3/a 以内，2030 年控制在 4.472 亿 m^3/a 以内。

优化产业结构和布局。在产业布局和城镇发展中充分考虑水资源条件，调整经济结构，严控高污染、高耗水项目建设。推进产业布局向沿江中下游猇亭区、宜昌高新区白洋工业园区等地集中，工业项目在工业园区及开发区集中，生产要素向优势产业集中。

加强工业节水，不断提高用水能效。建设“节水型企业”，大力推广节水新技术、新工艺和新设备，加强废水深度处理和资源化综合利用，逐步提高城市污水处理回用比例，提高工业用水重复利用率，降低经济社会发展对水资源的过度消耗和对水环境与生态的破坏。万元 GDP 用水量 2020 年控制在 32.58 m^3/万元以内，2025 年控制在 26.1 m^3/万元以内，2030 年控制在 22.2 m^3/万元以内；万元工业增加值用水量 2020 年控制在 23.8 m^3/万元以下，2025 年控制在 19.1 m^3/万元以下，2030 年控制在 16.2 m^3/万元以下。

提高农业用水效率。建设“节水型灌区”，重点推进大中型灌区续建配套与节水改造，加快小型农田水利设施建设步伐，发展高效节水灌溉，提高农业灌溉用水效率。到 2020 年，点军区农田灌溉有效利用系数不低于 54.6%，猇亭区不低于 55.7%；到 2025 年，点军区不低于 55.6%，猇亭区不低于 56.8%；到 2030 年，点军区不低于 56.8%，猇亭区不低于 57.9%。

强化生活和服务业用水管理。开展“节水型学校”“节水型机关”“节水型社区”等创建活动。严格执行节水强制性标准，加强用水产品用水效率标识管理，禁止生产和销售不符合节水强制性标准的产品。推广节水设施和器具，提高城镇生活用水效率，确定城镇人均生活用水定额，2020 年城镇居民人均生活用水量不高于 175 L/（人·d），2030 年城镇居民人均生活用水量不高于 150 L/（人·d）。

二、水资源可承载人口规模上限测算

遵循“以水定人，以水定产和以水定城”的总体要求，确定宜昌市城市发展人口聚集、产业发展的规模上限。按照水资源≤2 000 m^3/人为临界值的国际标准，以宜昌市中心城区近 5 年的平均水资源量（不含客水）进行水资源极限人口测算，测算结果表明宜昌市中心城区水资源可承载极限总人口为 240 万人，大于目前 95.68 万人的人口规模。考虑到国际公认的水资源开发利用极限为水资源总量的 40%（适宜人口 96 万人），如果人口发展继续扩大规模，将会较大地侵占生态环境用水，引发严重的水生态环境问题。随着宜昌市中心城区经济的发展与人口的增长，水资源供需日益紧张，应大力实施节约用水、提高水资源利用效率并筹划跨流域（如清江流域）调水。

第三节　土地资源利用上线

按照构建区域生态安全屏障、限制生态脆弱地区开发、维护城市环境舒适宜居的基本要求，对区域土地开发进行适宜性评价，扣除维护城市安全的洪水安全、饮用水安全、地质安全、生态安全、人文安全等城市安全用地，西陵、伍家岗、点军和猇亭四个区适宜利用的建设用地总量为270.8 km^2，占四个区行政区国土面积的33.2%。

在适宜建设用地范围内，基于城乡公共服务设施和道路网建立服务中心网络评价模型，识别地形条件较好、交通便捷的经济性建设用地总量为267.2 km^2，占四个区国土总面积的32.8%。中心城区应严格控制建设用地总规模，大力提高土地利用绩效水平，保护好生态、人文等城市安全用地，严格控制土地开发强度。

土地资源利用上线重点管控四个区建设用地总规模一项指标，与自然资源和规划部门管控指标保持一致。依据中心城区土地适宜性评价结论，并结合“十三五”土地利用总体规划确定的建设用地总规模，确定建设用地总规模控制目标，将该指标列为预期性指标，重点发挥其对土地资源开发总量控制的引导作用。到2020年，西陵、伍家岗、点军和猇亭四个区建设用地总规模不宜超过178 km^2，承载人口规模上限不宜超过178万人；到2025年，西陵、伍家岗、点军和猇亭四个区建设用地总规模不宜超过200 km^2，承载人口规模上限不宜超过200万人；到2030年，西陵、伍家岗、点军和猇亭四个区建设用地总规模不宜超过220 km^2，承载人口规模上限不宜超过220万人。严格保护耕地、林地和自然水体，调整土地利用结构，坚持土地资源节约利用、集约高效开发。

第十章 环境风险源管控

第一节 环境风险源识别

以化工、医药、火电、冶金等重污染企业以及渣场、尾矿库、污水处理厂、垃圾填埋场、油库和油气供应企业、露天矿山、危险废物治理企业等为重点，开展环境风险源排查，共排查规划范围内重点环境风险源58个（见表10-1），包括化工医药企业24家、造纸企业2家、火电企业3家、冶金企业1家、涉重金属企业2家、油库及油气供应企业5家、危险废物治理企业3家、露天矿山5家、渣场及尾矿库3座、垃圾填埋场3座、污水处理厂7座。

在规划实施期间，新增的以上类型的环境风险重点企业自行纳入环境风险源清单管理。

宜昌市中心城区环境风险源分布图见图10-1。

表10-1 中心城区重点环境风险源清单

类别	序号	环境风险源	所在行政区	主要环境影响因素	潜在风险影响程度	影响对象
化工医药企业	1	湖北宜化化工股份有限公司	猇亭区	环境空气、地表水	重大	猇亭区及伍家岗区大气环境质量红线区（人口密集区）、生态保护红线区（长江湖北宜昌中华鲟自然保护区）
	2	湖北宜化肥业有限公司	猇亭区	环境空气、地表水	重大	
	3	湖北泰盛化工有限公司	猇亭区	环境空气、地表水、土壤	重大	
	4	湖北兴瑞化工有限公司	猇亭区	环境空气、地表水	重大	
	5	宜昌新洋丰肥业有限公司	猇亭区	环境空气、地表水	重大	
	6	湖北兴福电子材料有限公司	猇亭区	环境空气、地表水	重大	

续表

类别	序号	环境风险源	所在行政区	主要环境影响因素	潜在风险影响程度	影响对象
化工医药企业	7	宜昌楚磷化工有限公司	猇亭区	环境空气、地表水、土壤	重大	猇亭区及伍家岗区大气环境质量红线区（人口密集区）、生态保护红线区（长江湖北宜昌中华鲟自然保护区）
	8	宜昌苏鹏科技有限公司	猇亭区	环境空气、地表水	重大	
	9	宜昌汇富硅材料有限公司	猇亭区	环境空气、地表水	重大	
	10	湖北兴鑫材料有限公司	猇亭区	环境空气、地表水	重大	
	11	宜昌兴宏肥业有限公司	猇亭区	环境空气、地表水	较大	
	12	宜昌凯翔化工有限公司	猇亭区	环境空气、地表水	大	
	13	宜昌兴越新材料有限公司	猇亭区	环境空气、地表水	大	
	14	宜昌华能环保科技有限责任公司	猇亭区	环境空气、地表水、土壤	大	
	15	三峡制药猇亭生产基地	猇亭区	环境空气、地表水	重大	
	16	宜昌市龙玉化工科技有限公司	猇亭区	环境空气	大	
	17	宜昌金信化工有限公司	猇亭区	环境空气、地表水、土壤	重大	
	18	宜昌南玻硅材料有限公司	猇亭区	环境空气、地表水	重大	
	19	宜昌富田肥业有限公司	猇亭区	环境空气、地表水	较大	
	20	湖北和远气体股份有限公司猇亭分公司	猇亭区	环境空气	大	
	21	宜昌金猇和远气体有限公司	猇亭区	环境空气	大	
	22	宜昌三峡制药有限公司一分厂	点军区	环境空气、地表水	重大	点军区大气环境质量红线区（环境空气一类区、人口集中区）、生态保护红线区（长江湖北宜昌中华鲟自然保护区）
	23	三峡普诺丁生物制药有限公司	宜昌高新区	环境空气、地表水	重大	伍家岗区及宜昌高新区大气环境质量红线区（人口密集区）、柏临河
	24	宜昌易科新材料有限公司	宜昌高新区	环境空气、地表水	重大	

续表

类别	序号	环境风险源	所在行政区	主要环境影响因素	潜在风险影响程度	影响对象
造纸企业	25	湖北舒云纸业有限公司	猇亭区	地表水、地下水	重大	生态保护红线区（长江湖北宜昌中华鲟自然保护区）
	26	湖北宝塔沛博循环科技有限公司	猇亭区	地表水、地下水	重大	
火电企业	27	宜昌宜化太平洋热电有限公司	猇亭区	环境空气、地表水	重大	猇亭区及伍家岗区大气环境质量红线区（人口密集区）
	28	华润电力（宜昌）有限公司	猇亭区	环境空气	重大	
	29	安能（宜昌）生物质热电有限公司	宜昌高新区	环境空气	重大	
冶金企业	30	宜昌船舶柴油机有限公司	西陵区	环境空气	大	西陵区及宜昌高新区大气环境质量红线区（人口密集区）
涉重金属企业	31	宜昌经纬纺机有限公司	伍家岗区	地表水、环境空气、地下水、土壤	较大	柏临河
	32	宜昌市恒昌标准件厂	伍家岗区	地表水、环境空气、地下水、土壤	较大	柏临河
油库和油气供应企业	33	华南蓝天航空油料有限公司宜昌供应站	猇亭区	环境空气、地表水、土壤	大	中心城区大气环境质量红线区（人口密集区）、生态保护红线区（长江湖北宜昌中华鲟自然保护区）
	34	中国石油湖北销售分公司宜昌油库	猇亭区	环境空气、地表水、土壤	大	
	35	宜昌市得心实用气体有限公司沙河分公司	西陵区	环境空气	大	
	36	中长燃艾家油库	点军区	环境空气、地表水	大	
	37	中石化王家河油库	伍家岗区	环境空气、地表水、土壤	重大	

续表

类别	序号	环境风险源	所在行政区	主要环境影响因素	潜在风险影响程度	影响对象
危险废物治理企业	38	宜昌市危险废物集中处置中心	伍家岗区	环境空气、地表水、土壤	重大	中心城区大气环境质量红线区（人口集中区）、生态保护红线区（长江湖北宜昌中华鲟自然保护区）、柏临河
	39	宜昌升华新能源科技有限公司	猇亭区	环境空气、地表水、土壤	重大	
	40	宜昌中兴化工有限公司	猇亭区	环境空气、地表水、土壤	重大	
露天矿山	41	宜昌三发石料有限公司骡马洞沟采石场	点军区	环境空气、生态环境	较大	点军区大气环境质量红线区（环境空气一类功能区、人口集中区）、点军区生态功能控制区
	42	宜昌市点军区天成建筑石料用灰岩矿	点军区	环境空气、生态环境	较大	
	43	宜昌市点军区云峰石材厂	点军区	环境空气、生态环境	较大	
	44	宜昌市俊阳建材有限公司土城乡金日岭砖瓦用泥质粉砂岩矿	点军区	环境空气、生态环境	较大	
	45	宜昌市祥成建材有限公司点军区朱家坪建筑石料用灰岩矿	点军区	环境空气、生态环境	较大	
渣场及尾矿库	46	宜昌新洋丰肥业有限公司磷石膏渣场	伍家岗区	地表水、地下水、生态环境	重大	生态保护红线区（长江湖北宜昌中华鲟自然保护区、伍家岗区国家级生态公益林）
	47	湖北宜化肥业有限公司磷石膏渣场	猇亭区	地表水、地下水、生态环境	重大	
	48	湖北宜化肥业有限公司大堰冲尾矿库	猇亭区	地表水、地下水、生态环境	重大	
垃圾填埋场	49	黄家湾垃圾填埋场（已封场）	西陵区	环境空气、地表水、地下水及土壤	较大	西陵区及宜昌高新区大气环境质量红线区（人口集中区）、生态功能控制区（沙河）

续表

类别	序号	环境风险源	所在行政区	主要环境影响因素	潜在风险影响程度	影响对象
垃圾填埋场	50	孙家湾垃圾填埋场	猇亭区	环境空气、地表水、地下水及土壤	重大	猇亭区大气环境质量红线区(人口集中区)、生态保护红线区（长江湖北宜昌中华鲟自然保护区）
	51	马家湾生活垃圾填埋场	点军区	环境空气、地表水、地下水及土壤	重大	点军区大气环境质量红线区(人口集中区)、生态保护红线区（长江湖北宜昌中华鲟自然保护区）
污水处理厂	52	沙河污水处理厂	西陵区	地表水、地下水	较大	生态功能控制区（沙河）
	53	平湖污水处理厂	西陵区	地表水、地下水	较大	生态保护红线区（长江葛洲坝库区）
	54	宜昌市临江溪污水处理厂	伍家岗区	地表水、地下水	重大	生态保护红线区（长江湖北宜昌中华鲟自然保护区）
	55	花艳污水处理厂	宜昌高新区	地表水、地下水	重大	柏临河
	56	猇亭污水处理厂	猇亭区	地表水、地下水	重大	生态保护红线区（长江湖北宜昌中华鲟自然保护区）
	57	点军污水处理厂	点军区	地表水、地下水	大	五龙河
	58	点军第二污水处理厂	点军区	地表水、地下水	大	卷桥河

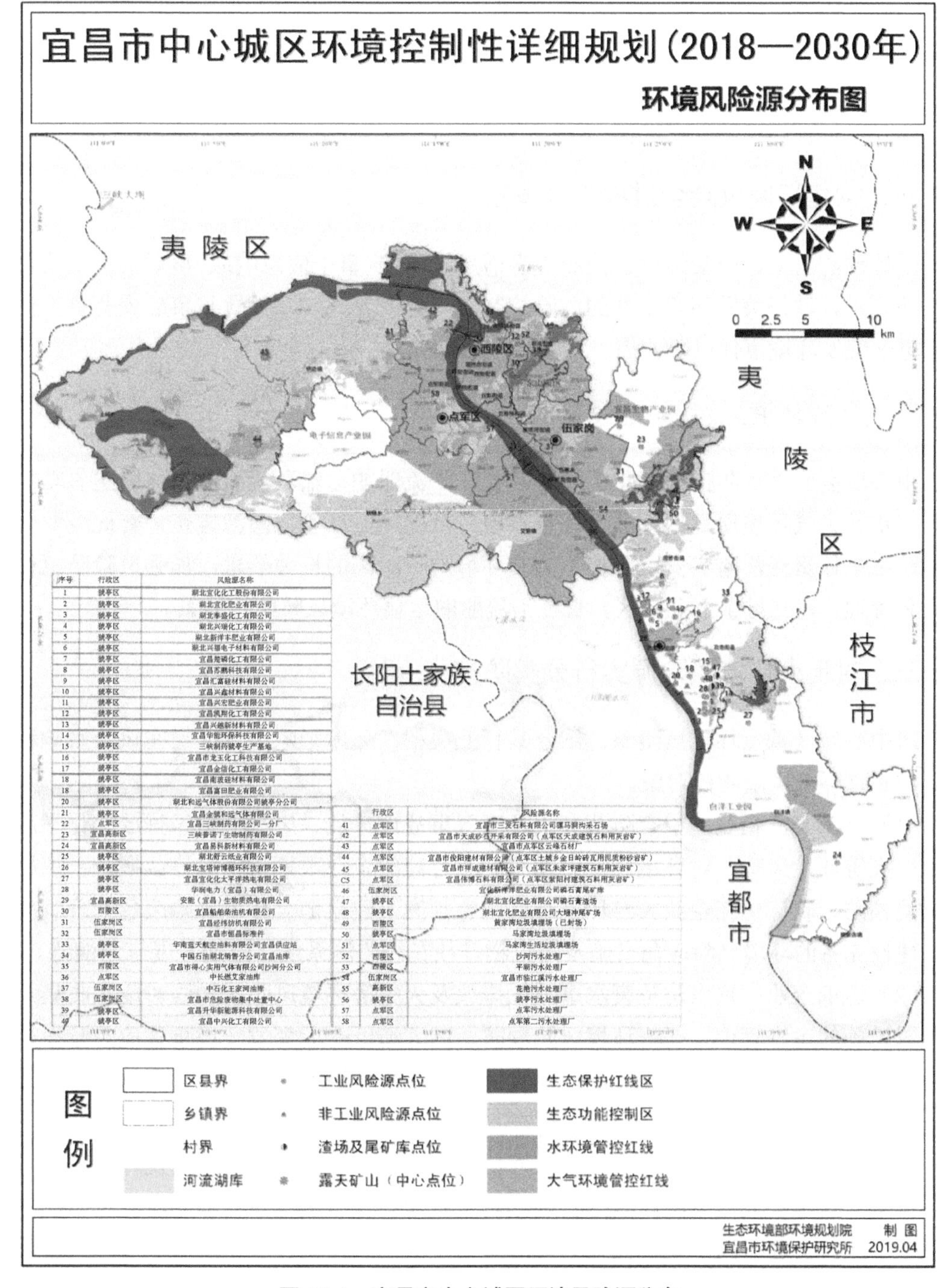

序号	行政区	风险源名称
1	猇亭区	湖北宜化化工股份有限公司
2	猇亭区	湖北宜化肥业有限公司
3	猇亭区	湖北奉盛化工有限公司
4	猇亭区	湖北兴瑞化工有限公司
5	猇亭区	湖北新洋丰肥业有限公司
6	猇亭区	湖北兴福电子材料有限公司
7	猇亭区	宜昌楚磷化工有限公司
8	猇亭区	宜昌苏鹏科技有限公司
9	猇亭区	宜昌汇富硅材料有限公司
10	猇亭区	宜昌兴鑫材料有限公司
11	猇亭区	宜昌兴宏肥业有限公司
12	猇亭区	宜昌凯翔化工有限公司
13	猇亭区	宜昌兴越新材料有限公司
14	猇亭区	宜昌华能环保科技有限公司
15	猇亭区	三峡制药猇亭生产基地
16	猇亭区	宜昌市龙玉化工科技有限公司
17	猇亭区	宜昌金信化工有限公司
18	猇亭区	宜昌南玻硅材料有限公司
18	猇亭区	宜昌富田肥业有限公司
20	猇亭区	湖北和远气体股份有限公司猇亭分公司
21	猇亭区	宜昌金猇和远气体有限公司
22	点军区	宜昌三峡制药有限公司一分厂
23	宜昌高新区	三峡普诺丁生物制药有限公司
24	宜昌高新区	宜昌易科新材料有限公司
25	猇亭区	湖北舒云纸业有限公司
26	猇亭区	湖北宝塔神博循环科技有限公司
27	猇亭区	宜昌宜化化太平洋热电有限公司
28	猇亭区	华润电力（宜昌）有限公司
29	宜昌高新区	安能（宜昌）生物质热电有限公司
30	西陵区	宜昌船舶柴油机有限公司
31	伍家岗区	宜昌经纬纺机有限公司
32	伍家岗区	宜昌市恒昌标准件
33	猇亭区	华南蓝天航空油料有限公司宜昌供应站
34	猇亭区	中国石油湖北销售分公司宜昌油库
35	西陵区	宜昌市得心实用气体有限公司沙河分公司
36	点军区	中长燃艾家油库
37	伍家岗区	中石化王家河油库
38	伍家岗区	宜昌市危险废物集中处置中心
39	猇亭区	宜昌升华新能源科技有限公司
40	猇亭区	宜昌中兴化工有限公司

序号	行政区	风险源名称
41	点军区	宜昌市三发石料有限公司骡马洞沟采石场
42	点军区	宜昌市天成砂石开采有限公司（点军区天成建筑石料用灰岩矿）
43	点军区	宜昌市点军区云峰石材厂
44	点军区	宜昌市俊阳建材有限公司（点军区土城乡金日岭砖瓦用泥质粉砂岩矿）
45	点军区	宜昌市祥成建材有限公司（点军区朱家坪建筑石料用灰岩矿）
C5	点军区	宜昌伟博石料有限公司（点军区紫阳村建筑石料用灰岩矿）
46	伍家岗区	宜化新洋洋肥业有限公司磷石膏尾矿库
47	猇亭区	湖北宜化肥业有限公司磷石膏渣场
48	猇亭区	湖北宜化肥业有限公司大堰冲尾矿场
49	西陵区	黄家湾垃圾填埋场（已封场）
50	猇亭区	马家湾垃圾填埋场
51	点军区	马家湾生活垃圾填埋场
52	西陵区	沙河污水处理厂
53	西陵区	平湖污水处理厂
54	伍家岗区	宜昌市临江溪污水处理厂
55	高新区	花艳污水处理厂
56	猇亭区	猇亭污水处理厂
57	点军区	点军污水处理厂
58	点军区	点军第二污水处理厂

图 10-1　宜昌市中心城区环境风险源分布

第二节　环境风险防范

一、构建环境风险全过程管理体系

坚持预防为主、防治结合，按照“事前风险防控-事中应急响应-事后损害赔偿与恢复”的要求，做好突发环境事件的风险控制、应急准备、应急处置和事后恢复等工作，建立健全突发环境事件风险监控、预警、应急、处置、恢复全过程防控体系。

二、严控环境风险易发区域

中心城区应重点防控东部化工园区及长江干流船舶运输环境风险等，以生态功能控制区、水及大气环境质量红线区为保护对象，全面开展环境风险源排查，督促企业落实风险防范主体责任，落实安全防护距离及环境防护距离的相关要求，加强风险防范设施建设和管理，建立健全工业园区、长江干流船舶运输环境风险防控体系。

三、对重点环境风险源实行分类防控

对中心城区重点环境风险源，结合其行业类型、环境影响因素、潜在风险影响程度等分类制订环境风险防控对策。

（1）化工医药企业：重点防范废水及废气事故性排放、废气无组织排放、化学品泄漏及火灾等环境风险；对环境风险大、布局不合理的企业限期予以关停或搬迁；抓好环境风险预防，制订化工企业突发环境事件应急预案，建立健全环境风险应急管理制度体系，建设完备的环境风险应急设施及污染物排放在线监测系统，定期开展应急演练。

（2）造纸企业：重点防范废水事故性排放及火灾等环境风险；加强对废水收集及应急处置设施的运维管理；抓好环境风险预防，制订造纸企业突发环境事件应急预案，建立健全环境风险应急管理制度体系，建设完备的环境风险应急设施及污染物排放在线监测系统，定期开展应急演练。

（3）火电企业：重点防范烟气事故性排放，制订并落实火电企业突发环境事件应急预案，建立重污染天气下限产减排机制，健全企业环境风险应急管理制度体系，配备事故状态下废气治理备用系统，完善大气污染物排放在线监测，强化燃煤烟气除尘脱硫脱硝系统实时在线调控，实现稳定达标排放，定期开展环境风险应急演练。

（4）冶金企业：重点防范废气无组织排放及事故性排放，制订并严格落实企业突发环境事件应急预案，并定期演练；实施污染工段工艺技术改造，全面提升环保设施治理能力，对生产废气实行全收集、全治理，重点加强对恶臭污染物的收集治理，实现稳定达标排放。

（5）涉重金属企业：重点防范重金属废水、酸雾、碱雾、挥发性有机物泄漏及事故性排放；制订并严格落实企业突发环境事件应急预案，并定期演练；加强重金属废水、酸雾、碱雾、挥发性有机物、危险废物的收集治理，配备事故应急池，做好风险区域地坪防渗防腐蚀处理，按照重金属行业污染控制标准及技术规范对重金属废水、废气污染物、危险废物全收集、全治理，达标排放，并符合总量控制的要求。

（6）油库及油气供应企业：重点防范油品及燃气泄漏、火灾等事故环境风险；对布局不合理的企业限期予以关停或搬迁，制订并落实企业突发环境事件应急预案，配备环境风险应急设施，并定期演练；全面实施挥发性有机物回收治理，严格落实安全、环保的相关规定，杜绝油品及燃气泄漏、火灾事故发生。

（7）危险废物治理企业：重点防范危险废物泄漏、火灾、废气及废水事故性排放等环境风险；制订并落实企业突发环境事件应急预案，配备环境风险应急设施，并定期演练；贯彻落实危险废物污染控制标准及贮存、处置相关安全环保技术规范及相关规定，贯彻污染物在线监测及地下水监测制度，杜绝事故发生。

（8）露天矿山：重点防范粉尘污染、水土流失、地质灾害、炸药库爆炸等环境风险；制订并落实矿山突发环境事件应急预案，并定期演练；建立重污染天气限产或停产机制，全面落实环评及环保设施“三同时”验收制度，提高矿山开采清洁化、绿色化水平，规范化建设堆场、工业场地及排水收集、处理、回用系统，对裸露场地、边坡、采空区及时覆盖，并开展生态复垦。

（9）渣场及尾矿库：重点防范渣场渗滤液泄漏、废水事故性排放及溃坝、漫坝等环境风险；制定并落实渣场及尾矿库突发环境事件应急预案，并定期演练；落实渣场、尾矿库固体废物台账管理制度，禁止其他固体废物随意入库，强化库区环境管理及风险隐患排查，对存在的问题及时整改；建立健全场区渗滤液及排水收集、治理、回用体系，强化渣场防渗体系建设及地下水监测，及时开展生态复垦，大力实施磷石膏及尾矿资源化综合利用。

（10）垃圾填埋场：重点防范火灾、渗滤液泄漏、恶臭气体事故性排放、地下水及土壤污染等环境风险；制订并落实垃圾填埋场突发环境事件应急预案，并定期演练；强化垃圾准入管理，禁止填埋危险废物等不符合填埋要求的固体废物，严格落实固体废物台账管理制度，贯彻落实垃圾填埋场污染控制标准及环保技术规范相关要求，强化填埋场环境管理及风险隐患排查，对存在的问题及时整改；建立健全填埋场渗滤液及排水收集、治理系统，健全填埋区废气收集治理系统，强化填埋区及废水收集治理设施防渗、防腐蚀体系建设及地下水监测，填埋完成区域全覆盖，封场后及时开展生态复垦。

（11）污水处理厂：重点防范废水事故性排放、恶臭无组织排放的环境风险；制订并落实污水处理厂突发环境事件应急预案，并定期演练；严格落实城镇污水处理厂污染控制标准及环保技术规范相关要求，健全各工段水质在线监测及地下水监测体系，加强对进水水质、水量及运行工况的优化调控；对产生恶臭的构筑物进行封闭，并配备除臭装置，开展污泥资源化处置；强化污水处理设施日常运维和风险隐患排查，对存在的问题及时整改；全面落实重点风险区域基础防渗处理，避免污水泄漏对地下水及土壤造成污染。

四、强化企事业单位的主体责任

企事业单位应当按照相关法律法规和标准规范的要求，履行以下义务：①开展突发环境事件风险评估；②完善突发环境事件风险防控措施；③排查治理环境安全隐患；④制订突发环境事件应急预案并备案、演练；⑤加强环境应急能力保障建设。发生或者可能发生突发环境事件时，企事业单位应当依法进行处理，并对所造成的损害承担责任。企事业单位应当按照国务院环境保护主管部门的规定，在开展突发环境事件风险评估和应急资源调查的基础上制订突发环境事件应急预案，并按照分类分级管理的原则，报县级以上环境保护主管部门备案。

五、强化突发环境事件应急预案管理和演练

完善行业主管部门及企业突发环境事件应急预案编制和实施，充分发挥突发环境事件应急预案的核心作用。结合环境风险应急管理的要求，突发环境事件应急预案编制单位应组织开展预案的评估、备案、演练和修订，不断增强其针对性和实用性。

六、妥善处置突发环境事件

始终将应对突发环境事件工作摆在环境应急管理的首要位置，做到“有急必应”。在县级以上地方人民政府的统一领导下，建立分类管理、分级负责、属地管理为主的应急管理体制。坚持“统一领导、分级负责，属地为主、协调联动，快速反应、科学处置，资源共享、保障有力”的工作原则，突发环境事件发生后，地方人民政府和有关部

门立即自动按照职责分工和相关预案开展应急处置工作。

七、加强环境风险应急能力建设

结合环境公共服务建设水平提升，大力推进环境应急管理队伍建设，不断提升环境风险应急监管、应急保障和应急应对能力。县级以上地方环境保护主管部门应当加强环境应急能力标准化建设，配备应急监测仪器设备和装备，提高重点流域区域水、大气突发环境事件预警能力；根据本行政区域的实际情况，建立环境应急物资储备信息库，有条件的地区可以设立环境应急物资储备库。企业事业单位应当储备必要的环境应急装备和物资，并建立完善的相关管理制度。

第十一章　重点区域城乡环境规划指引

第一节　城乡环境规划指引重点区域

以中心城区环境功能定位、环境战略分区及环境管控要求为基础，结合环境要素及当前突出的生态环境问题，识别中心城区经济社会发展与生态环境保护之间的主要矛盾，确定城乡环境指引的重点区域，包括生态安全屏障区、人居环境重点维护区、工业污染重点防控区、生态环境重点治理区（见表 11-1、图 11-1）。

表 11-1　宜昌市中心城区环境规划指引重点区域

序号	重点区域	范　围	面积/km^2
1	生态安全屏障区	西部生态安全屏障区、长江干流（中华鲟自然保护区及葛洲坝库区）、生态保护红线区	389.96
2	人居环境重点维护区	西陵区、伍家岗区建成区、点军区点军街道、猇亭区古老背街道人口集中区、宜昌生物产业园及白洋工业园白洋新城人口集中区	171.03
3	工业污染重点防控区	白洋工业园、电子信息工业园、宜昌生物产业园及伍家岗工业园、猇亭工业园、三峡临空经济区（猇亭部分）等产业集聚区	241.90
4	生态环境重点治理区	黑臭水体分布的区域（运河、沙河、牌坊河、柏临河、黄柏河、紫阳河、卷桥河、联棚河等）、农业生产区	150.96

结合重点区域自然生态特征、产业发展状况、环境功能定位、主要环境问题、资源环境生态红线管控制度等确定区域环境保护与治理的重点任务，明确区域环境规划指引方向。

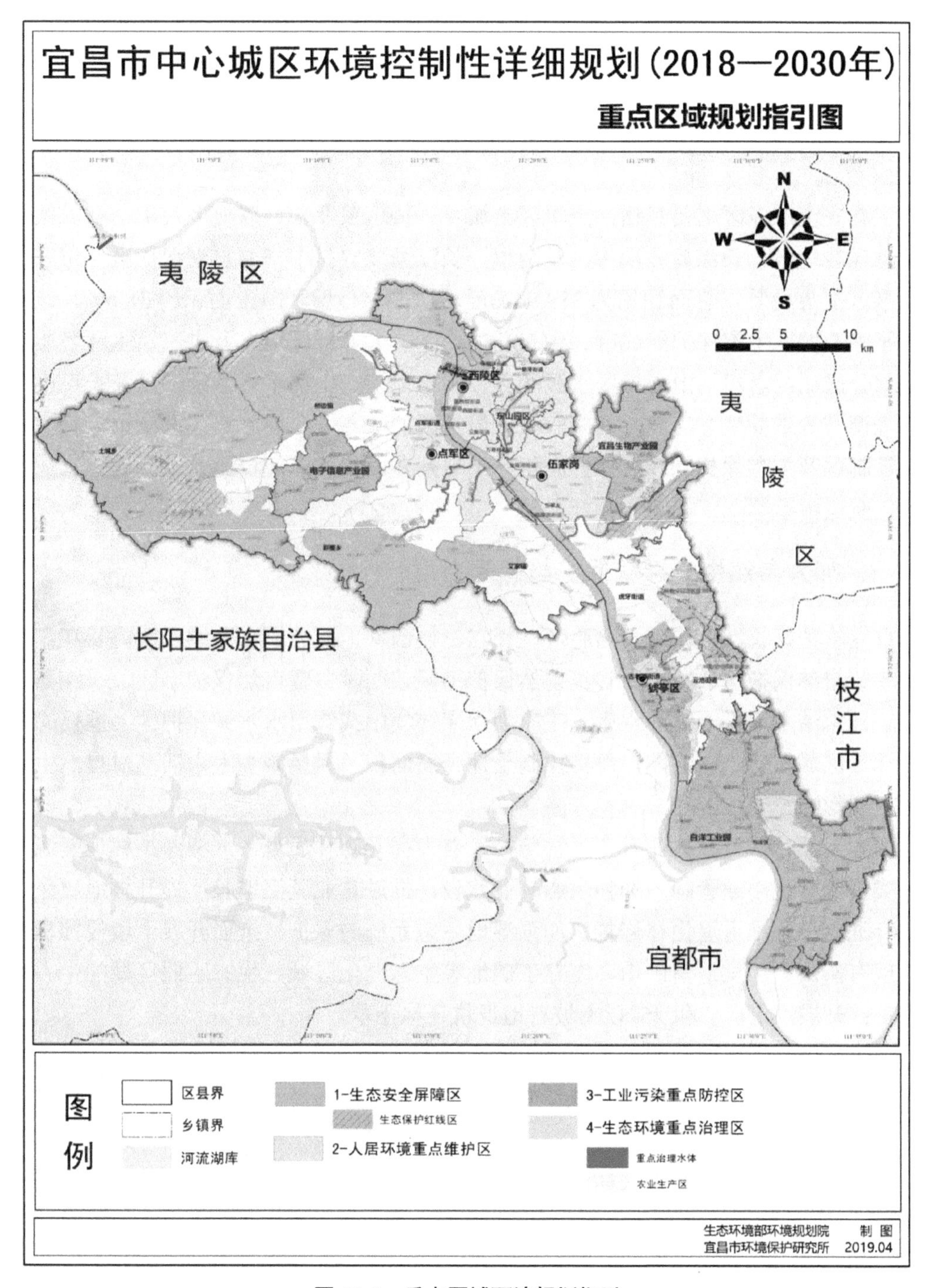

图 11-1　重点区域环境规划指引

第二节　生态安全屏障区环境规划指引

生态安全屏障区主要包括：点军区土城乡、桥边镇北部、联棚乡南部、艾家镇西南部山地丘陵地区、长江葛洲坝库区及两岸、长江湖北宜昌中华鲟自然保护区、伍家岗区与猇亭区交界处等，总面积约为389.96 km^2，约占中心城区国土面积的38.6%。该区域涵盖了中心城区生态保护红线区、生态功能控制区大部分区域以及大气及水环境质量红线区部分区域，承担了中心城区水源涵养、水土保持、生物多样性维护以及长江中下游水环境调节等重要生态功能，是中心城区最重要的生态安全屏障。该区应重点管控生态功能控制区及生态保护红线区保护面积、土地开发面积、矿产资源开发活动、农业面源污染、航运污染等。

一、加大自然生态系统保护与修复力度

重点维护好长江三峡风景名胜区、长江三峡国家地质公园西陵峡园区、长江湖北宜昌中华鲟自然保护区、文佛山省级自然保护小区、西陵白鹭自然保护小区、长江葛洲坝库区、楠木溪水库、善溪冲水库、王家坝水库等集中式饮用水水源保护区、重要的生态公益林等区域自然生态功能，严格控制土地开发面积，尽量减少人为活动对自然生态空间的不利影响。

加强天然林保护和林业有害生物防控，着力提升森林质量，严格保护林地资源，分级分类进行林地用途管制。加强生态林业建设，推进林业碳汇增长，提升林地质量，大力培育混交林，推进退化林修复。加强湿地生态系统的保护，全面开展土壤侵蚀极敏感区、现有矿山、历史遗留矿山、废弃工矿地等生态退化区域、生态脆弱区域的生态治理与修复；开展水土保持和25°以上坡耕地退耕还林还草。

深入开展葛洲坝库区消落带治理及库区清漂，增强库区水体自净能力。加强区域水源涵养能力建设，开展河流湖库滨岸带保护和修复，加强对沿江沿河生态环境敏感区域岸线不合理开发建设活动清理整治，实施长江两岸造林绿化和生态修复，逐步提高生态系统修复能力，全面促进山水林田湖草的休养生息，提升河流湖库水环境质量及区域生态环境功能。

二、大力推进生态村镇建设

在农业生产区域大力推进生态循环农业，加强农业面源污染防治，开展农田径流污染防治，积极引导和鼓励农民使用测土配方施肥、生物防治和精准施肥等农业技术，采取灌排分离等措施控制农田氮磷流失，推广使用生物防治技术或高效、低毒、低残留农药；严格控制畜禽养殖、水产养殖规模及餐饮服务业污染，妥善处理处置养殖业污染物、生活垃圾及农业固体废物；推广使用清洁能源，禁止农作物秸秆、农业废物、农村生活垃圾等露天焚烧，维护好环境空气质量；因地制宜地建设农业生产区、居民区、旅游区污水收集处理及回用等环保基础设施，严格管理渔家乐、水上采摘、垂钓等活动，杜绝环境污染；对风景区内不合法的旅游服务设施进行整治，将违法建设区域恢复为自然生态；加强旅游服务业环境卫生基础设施建设，健全村庄及旅游区生活垃圾收集、贮运与处置体系，保持清洁卫生的镇容村貌。

推行国家及省级生态乡镇、生态村创建全覆盖，加强新农村绿色家园和农田林网建设，大力实施退耕还林还草及退牧还草，实施农田水土保持工程，以生态建设项目为支撑，开展山水林田湖草生态修复与建设，构建安全稳固的自然生态安全屏障。

三、严防长江干流等通航区航运污染

加强港口、码头环卫设施、污水处理设施建设规划与城市基础设施建设规划的衔接，健全船舶污染物接收处置机制，禁止向水体排放港口码头及船舶废水和抛洒船舶垃圾、建筑垃圾、砂石等固体废物；对中心城区非法码头、砂石码头和堆场集中开展专项整治，加强港口作业扬尘监管，开展干散货码头粉尘专项治理，全面推进堆场防风抑尘设施建设和设备配备，推进原油、成品油、码头油气回收治理；依法强制报废超过使用年限和环保不达标的船舶，加快淘汰老旧落后船舶，推进节能环保船舶建造和船上污染物储存、处理和设备改造；推行岸电工程全覆盖，大力实施“气化长江”绿色航运创新工程。

加强水上危险品及化学物质运输安全监管及风险防范，开展通航河道出入境水上风险隐患排查，建立健全防治船舶及其有关活动污染水环境的应急预案体系，加强水上污染事故应急能力建设，严防码头及船舶油品、化学品泄漏环境污染风险。

四、严格管理资源开采活动

严格控制石灰岩矿、页岩气、河道砂石等矿产资源开采活动及林地采伐面积，对矿山开采数量实行总量控制，对不符合国家产业政策、严重破坏生态环境的矿山予以关停。加强现有矿山生态环境治理与恢复，全面实施矿山地质环境治理及生态恢复，强化历史遗留矿山地质环境恢复和综合治理，开展矿山土地整治与复垦、“三废”综合处理与利用，大力推动共伴生资源综合利用，健全矿山生态环境保护管理监控体系与网络。禁止非法无序的河道采砂，对历史遗留采砂区和受损河流湖库滨岸带实施环境治理和生态修复。大力推进绿色矿山建设，严格控制矿山排水及粉尘污染，深入开展水土保持，提高矿山土地复垦率。

五、合理引导产业发展

严格落实中心城区生态功能控制线、水及大气环境质量红线管控制度，合理确定区域产业发展方向。

该区适宜发展的产业包括：生态林业、生态循环农业、绿色旅游及康养产业、生态环境治理与修复、原住居民生产生活设施生态化改造等有利于改善环境质量及提升生态功能的产业。

该区不适宜发展的产业包括：大规模城镇化建设、房地产开发、工业建设、矿产资源开发、引水式电站、风电、大规模农业开发、规模化畜禽养殖、高强度基础设施建设等对生态环境破坏较大、污染较重的产业。

第三节 人居环境重点维护区环境规划指引

人居环境重点维护区主要包括：西陵区以及伍家岗区建成区、猇亭区古老背街道人口集中区、点军区点军街道中南部、宜昌高新区东山园区、宜昌生物产业园职教园等人口密集区以及白洋工业园白洋新城等，总面积约 171.03 km^2，约占中心城区国土面积的 16.9%。该区域涵盖了中心城区大气环境质量红线区、水环境质量黄线区及生态功能绿线区部分区域，是中心城区人口密集区，社会经济活动以居住、文教、办公、商业、服务业和低污染、无污染的绿色工业为主，对区域地表水和环境空气质量以及城市自然生态景观有很高的要求。该区应重点控制居民生活、服务业、工业污染物排放；城市能源结构及消费总量；社会服务业、交通运输及建筑施工噪声污染；环保基础设施建设水平及处理能力；城镇扩展边界、建设用地总规模、土地开发强度等。

一、全面加强污水管网及处理设施建设

全面加强城镇污水处理及配套管网建设，加大雨污分流、清污分流污水管网改造，优先推进“城中村”、老旧城区和城乡接合部污水截流、收集、纳管，城市建成区实现污水全收集、全处理。加大城镇污水管网收集能力，城市新区建设应严格落实雨污分流，预先铺设污水管网并接入城镇污水处理厂；加大西陵区夜明珠街道、葛洲坝街道、窑湾街道，伍家岗区大公桥街道、万寿桥街道，猇亭区古老背街道等老旧城区排水管网雨污分流改造力度，全面加强城郊接合部污水收集管网等基础设施建设。提升污水干管收集能力，对沿江大道等城市干道污水主干管实施双管路设计建设，提高污水干管收集能力及安全稳定性，降低污水溢流及渗漏风险；控制城市初期雨水污染，排入自然水体的雨水须经过岸线净化；加快建设和改造河流沿岸截流干管，防治污水渗漏和雨污合流管网污水溢流造成的环境污染。提升污水再生利用和污泥处置水平，大力推进污泥稳定化、无害化和资源化处理处置。

以提高污水接管量和COD、NH_3-N、TP、总氮去除率为目标，大力实施污水处理厂提标升级及扩容改造。加强城市节水及中水回用，以临江溪污水处理厂等城市生活污水处理厂为重点，逐步推广城镇污水处理厂尾水深度处理，建立和完善城镇中水回用系统，同步实现节水降耗与污染减排。工业生产、城市绿化、道路清扫、车辆冲洗、建筑施工以及生态景观等用水，要优先使用再生水。单体建筑面积超过2万m^2的新建公共建筑应建设安装中水设施。

二、全面防控民用生活源、移动源、建筑施工及工业源废气污染

深化环境空气污染综合防治，严格落实大气环境质量红线区管控要求，重点加强细颗粒物（$PM_{2.5}$）及挥发性有机物污染控制，重点管控建筑施工扬尘、机动车船排气、饮食业及居民生活油烟、加油站油气等污染。加大居住区、商贸区餐饮油烟、露天烧烤及老旧城区、棚户区蜂窝煤使用的治理力度，推广使用天然气、电、太阳能等清洁能源，餐饮经营单位选址及环保设施建设必须符合环保技术规范要求，履行环评及验收手续；加强对拆迁工程扬尘及噪声污染治理，开展文明施工；禁止露天焚烧树叶、生活垃圾等固体废物。

严格控制移动源、扬尘、民用生活源及其他废气污染物的排放。加强移动源污染的监管，持续推进机动车污染治理，重点整治柴油货车、高排放非道路移动机械；持续推进机动车船和油品标准升级，加强油品、燃气等能源产品质量监管；大力推广新能源汽

车及电动公交车，发展轨道交通，建设绿色交通体系。严格控制燃煤消耗，实施清洁能源替代，改善能源结构，提高能源利用效率，降低能耗水平。全面防控挥发性有机物污染，实现 SO_2、NO_2、CO 浓度全部达标，$PM_{2.5}$、PM_{10}、O_3 浓度明显下降，环境空气质量持续改善。

优化调整城市功能分区及产业布局，全面整治“散乱污”企业，对环境污染重、群众投诉意见大的餐饮、印刷、汽车维修、洗车、洗浴、高噪声加工等服务业单位予以关停取缔；对不符合国家产业政策、严重污染环境空气和地表水环境的工业企业予以关停或环保搬迁、退城进园。

三、综合防控噪声污染

强化人口集中区噪声源的管控，开展噪声污染专项整治，加大基础设施和建筑工地施工噪声治理及监管力度，综合治理工业企业噪声、交通噪声、商业噪声、社会生活噪声及施工噪声，确保城市声环境质量达标，提高区域声环境质量。将乡村环境噪声污染防治纳入日常环境管理工作。严格控制城镇建设过程中的噪声污染，防治噪声污染从城市向乡村转移。

强化噪声源监督管理，对超标噪声污染源实施限期治理。积极解决噪声扰民问题，加强噪声污染信访投诉处置，畅通环保“12369”、公安“110”、城建“12319”举报热线的噪声污染投诉渠道，探索建立多部门噪声污染投诉信息共享机制。建立噪声扰民应急机制，防止噪声污染引发群体事件。

四、加强城郊接合部城市规划与基础设施建设

重点加强窑湾街道（如黑虎山村、石板村、大树湾村）、夜明珠街道、沙河片区、伍家乡、点军街道紫阳片区、东苑街道、北苑街道、猇亭区高家村、高湖村等城郊接合部片区城市规划，统筹建设市政道路、给排水管网、电力设施、燃气管网、垃圾收运设施、建筑垃圾贮存场所等基础设施，实现自来水供应、污水收集、天然气供应、垃圾收运、建筑垃圾清运全覆盖；有序开展土地征迁，妥善安置群众生活，避免大片土地闲置浪费，加大“城中村”环境基础设施建设与改造，加强城郊接合部环境卫生执法管理，着力解决城郊接合部突出的生态环境问题。加强对城郊接合部农业生产的管理，禁止焚烧秸秆、树枝、生活垃圾等固体废物，禁止露天烧烤等严重污染环境空气的经营活动，已接通天然气的区域不再使用燃煤、柴油、木材等高污染燃料。

五、推行生活垃圾分类处置，强化医疗废物监管

全面开展生活垃圾分类工作，科学设立垃圾分类类别，对厨余垃圾单独分类，完善城市餐厨垃圾、建筑垃圾和废旧纺织品等废物的资源化利用和无害化处理系统；完善垃圾分类与再生资源回收投放点，建立分类回收与废旧物资回收相结合的管理和运作模式；整合生活垃圾回收网络与再生资源回收网络，加强对低价值可回收物回收利用企业的政策扶持，促进垃圾分类从粗分到细分的提升，达到生活垃圾减量、再生资源增量的目的。加强对沿江沿河环境卫生巡查，定期对葛洲坝库区漂浮物及河流沿岸垃圾进行全面清理，维护好优美清洁的沿江生态环境。

全面推广生活垃圾密闭化收运，实现干、湿垃圾分类收集转运，加强垃圾渗滤液、焚烧飞灰及填埋场废气的收集处理处置。鼓励区域共建共享垃圾焚烧处理设施，推动水泥回转窑等工业窑炉协同处置生活垃圾，积极发展生物处理技术，合理统筹垃圾填埋处理技术。

推进医疗废物监管及安全处置。扩大医疗废物集中处置设施服务范围，建立区域医疗废物协同与应急处置机制，因地制宜地推进城郊、乡镇和偏远地区医疗废物安全处置。实施医疗废物焚烧设施提标改造工程，提高规范化管理水平，严厉打击医疗废物非法买卖。

六、倡导绿色低碳的生活方式

大力开展绿色创建，不断提高人民群众的环保意识，引导公众积极践行绿色简约生活和低碳休闲模式。鼓励绿色消费，倡导绿色采购和低碳生活方式，引导绿色饮食，限制一次性餐具生产和使用；发展绿色休闲，推广低碳旅游风尚；倡导绿色居住，实行居民水电气阶梯价格制度；大力推广节水器具、节电灯具、节能家电、绿色家具、绿色建材，不断提高城市绿色建筑材料及绿色能源使用比例。

增强绿色产品有效供给，推行节能低碳产品和有机产品认证、能效标识管理等机制。加快构建绿色供应链产业体系，研究出台政府绿色采购产品目录，倡导绿色包装，积极开展包装减量化、无害化和材料回收利用，逐步淘汰污染重、健康风险大的包装材料。积极推广新能源汽车，配套建设充电桩，公交车及市政车辆优先选用新能源汽车。

加强节水器具推广应用，开展节水型机关、节水学校、节水医院、节水宾馆的创建，实行节水产品市场准入制度，限期淘汰公共建筑中不符合节水标准的水嘴、便器水箱等生活用水器具。对使用超过 50 年和材质落后的供水管网进行更新改造。

七、大力推进海绵城市建设

以城市新区建设和旧城改造为重点，推进海绵城市建设。城市新区以目标为导向，优先保护生态环境，合理控制开发强度。结合城市规划布局，积极开展城市生态下垫面构建，推进海绵城市建设。老城区以问题为导向，以解决城市内涝、雨水收集利用、黑臭水体治理为突破口，推进区域整体治理，避免大拆大建。综合采取“渗、滞、蓄、净、用、排”等措施，加强海绵型建筑与小区、海绵型道路与广场、海绵型公园和绿地、雨水调蓄与排水防涝设施等建设。城市新区建设及旧城改造应积极开展雨水收集及利用，采用先进的植被配置技术、绿化屋顶构建技术、地面透水铺装技术收集利用雨水资源，收集的雨水经过处理后作为城市中水用于洗车、绿化、道路喷洒、景观等市政用水。新建城区硬化地面，可渗透面积要达到40%以上。大力推进城市排水防涝设施的达标建设，加快改造和消除城市易涝点。到2030年，能够将70%的降雨就地消纳和利用的土地面积达到城市建成区面积的40%以上。

八、加强对城市自然水体、山体的保护和生态修复

加强城市自然水体的保护，对黄柏河、沙河、柏临河、运河、卷桥河、联棚河（五龙河）等城市内河开展综合整治，建设生态护岸，恢复水生生物种群，修复并维护好城市自然水体生态环境功能。加强对中心城区自然山体保护和生态修复，彻底消除山体滑坡、碎石崩塌等地质灾害危险，减少人为活动干扰，实施封山育林，开展林地养护，增强山体生态平衡与景观游憩功能。

第四节　工业污染重点防控区环境规划指引

工业污染重点防控区主要包括：宜昌高新区白洋工业园、电子信息工业园、宜昌生物产业园及湖北宜昌伍家岗工业园、猇亭工业园、三峡临空经济区（猇亭部分）等产业集聚区，总面积约241.9 km^2，约占中心城区国土面积的24%。该区域涵盖了中心城区大气环境质量黄线区、水环境质量黄线区及生态功能绿线区部分区域，是中心城区的工业、高新技术产业、临空航空产业集中区，主导产业为工业，配套建设居住文教区、商业、服务业、交通运输业等，工业门类主要包括：化工、医药、火电、机械电子、食

品、新材料、建材、临空产业等。该区应重点控制大气及水污染物排放总量、能源结构及消费总量，重点加强工业园区环保基础设施建设，提升工业园区污染综合防治能力、环境风险应急处置能力，资源、能源及废弃物循环利用水平以及园区信息化水平。

一、优化产业布局，调整产业结构，严格控制资源能源消耗

依据资源环境承载力，合理确定工业园区产业规模，优化调整产业结构，自觉推动工业园区绿色循环低碳发展，形成资源节约型和环境友好型的产业结构、增长方式、消费模式。加强工业园区建设项目环境准入管理，禁止引进高污染、高环境风险和不符合园区产业规划的项目。大力发展低耗水、低排放、低污染、低风险、高附加值产业，推进传统产业清洁生产和循环化改造。加强产业转移的引导和调控，防止出现污染转移，避免低水平重复建设。

加大落后和过剩产能淘汰力度，对长期超标排放、无治理能力的企业，依法予以关闭淘汰；限期淘汰资源利用率低、严重污染环境的工艺和设备，限期整治或者关闭不符合产业政策的污染企业。科学划定岸线功能分区，严格分区管理和用途管制。坚持“以水定发展”，统筹规划长江岸线资源，合理安排沿江工业与港口岸线、过江通道与取水口岸线，有效保护岸线原始风貌。

实施能耗总量和强度“双控”行动，全面推进工业、建筑、交通运输、公共机构等重点领域节能；传统制造业全面实施电机、变压器等能效提升，开展清洁生产、节水治污、循环利用等专项技术改造，实施系统能效提升、锅炉节能减排效益提升、绿色照明、余热回收等重点节能工程。支持企业增强绿色精益制造能力，推动工业园区和企业应用分布式能源。

严格落实能源利用总量、燃煤消费总量及单位地区生产总值能耗上线，加强高耗能行业能耗的管控，强化建筑节能、提高全社会能源使用效率，严控高硫分高灰分煤的销售，大力推进煤炭清洁化利用。大力推进以电代煤、以气代煤和以其他清洁能源代煤。优化能源结构，不断提高清洁能源在能源消耗中的比重，供热供气管网覆盖的地区禁止使用散煤。

加强高耗水行业单位 GDP 水耗的管控，造纸、氮肥等行业实施行业取水量和污染物排放总量协同控制，电力、造纸、石化、食品发酵等高耗水行业达到先进定额标准。

二、大力开展工业企业清洁生产，发展循环经济

大力推进工业企业清洁生产，通过节能减排技术改造，提高资源、能源重复利用

率，从源头削减污染物排放量。开展工业园区和企业分布式绿色智能微电网建设。落实企业强制性清洁生产审核，加大自愿性清洁生产审核激励力度。

开展资源循环利用示范基地和生态工业园区建设，以生态工业链为导向，建立磷化工、生物医药、硅产业、建材、机械电子、农产品深加工等主导产业的循环经济产业链，加大火电、造纸、化工等行业节水改造力度，促进资源集约利用、废物交换利用、废水循环利用、能量梯级利用，从源头降低污染物排放总量。着力将中心城区工业园区打造成循环经济领域国家新型工业化产业示范基地，将猇亭区、宜昌高新区打造成国家循环经济示范区。

全面加强“城市矿产”资源回收能力建设，培育一批回收和综合利用骨干企业、再生资源利用产业基地和园区，不断提高工业固体废物综合利用率。健全再生资源回收利用网络，规范完善废钢铁、报废机动车、废旧轮胎、废旧纺织品与服装、废塑料、废旧动力电池、废电子元器件等综合利用行业管理。促进绿色制造和绿色产品生产供给，加快构建绿色制造体系，从设计、原料、生产、采购、物流、回收等全流程强化产品全生命周期绿色管理。

三、实施化工产业专项整治与转型升级

加大重点行业专项整治力度，重点强化涉磷工业企业污染治理。实施化工产业分类管理，对不符合规划要求，环保风险较大，通过改造仍不能达到环保要求的企业，实施关停退出；对不宜继续在原地发展，环保风险较低，通过改造能够达到环保标准的企业，按照准入条件，通过搬迁进入合规化工园区；对不符合规划要求，环保风险较大，通过改造仍不能达到环保要求，或者企业自主决定转产发展其他产业的企业，实施转产退出化工行业；对已在化工园区内，符合相关规划要求，环保风险较低，通过改造能够达到环保标准的，就地改造达标。

除在建项目外，严禁在长江干流及主要支流岸线 1 km 范围内新建化工项目和重化工园区，不得在沿江 1 km 范围内布局化工和造纸行业项目，超过 1 km 不足 15 km 范围内限制布局重化工和造纸行业项目，严控在长江沿岸地区新建石油化工和煤化工项目。综合利用能耗、环保、质量、安全法律法规和技术标准，依法依规淘汰落后产能和化解过剩产能。积极探索开展用能权有偿使用、排污权交易、产能置换等创新举措。以猇亭区为重点，开展涉磷工业园区及企业的污染集中治理，提升重点磷化工企业废水深度治理水平。

保障搬迁改造项目土地供应，落实各区政府和宜昌高新区管委会生态环境保护的主

体责任，督促和引导企业加强腾退土地污染风险管控和治理修复，对长江铝业等关停搬迁企业场地开展土壤污染系统治理，防止发生二次污染和次生突发环境事件。

在调查摸底、评估认定的基础上，按照工作目标要求，统筹制订化工企业关改搬转具体实施方案和“一企一策”任务清单，做到工作目标、推进措施、完成时限、督办领导、责任单位、责任人“六落实”。

四、加快推进工业园区环保基础设施建设

全面加强工业园区污水集中处理设施能力及配套管网建设，污水处理设施工艺及规模要超前规划，预留处理能力，满足工业园区及周边区域纳污需要，规划建设电子信息产业园集中式污水处理设施。统筹建设工业园区给排水管网、电力设施、燃气管网、集中供热设施、垃圾收运设施、建筑垃圾消纳场所等基础设施，加快推进宜昌高新区宜昌生物产业园、白洋工业园、电子信息产业园供水、污水收集与处理、天然气供应、垃圾收运全覆盖；宜昌生物产业园土门片区排水管网实施雨污分流改造；超前谋划建设工业固体废物贮存及处置设施及危险废物处置设施，科学布局建筑垃圾及废弃渣土消纳场，与工业园区建设及行业发展相适应。加强对一般工业固体废物、危险废物、医疗废物、生活垃圾贮存、处置场所的日常监管，排查环境风险隐患，建立健全固体废物产生、贮存、转移、处置全过程的环境管理体系，依法坚决严厉打击各类“污染转移”行为，构建固体废物污染防治长效机制。

五、全面防控工业园区大气污染

持续推进工业污染源全面达标排放，将废气在线监测数据作为执法依据，加大超标处罚和联合惩戒力度，对未达标排放或者重点大气污染物排放量超过总量控制指标的企业依法限制生产、停产整治。完善园区集中供热设施，积极推广集中供热。持续实施能源消耗总量和强度双控行动。实施燃煤消费总量控制，新建燃煤项目实行燃煤减量替代。按照燃煤集中使用、清洁利用的原则，重点削减非电力用燃煤，提高电力用煤比例，继续推进电能替代燃煤和燃油。

深化工业废气污染综合防治，大力开展化工、火电、建材等重点行业脱硫、脱硝改造，开展化工、医药、食品等企业专项整治，依法取缔重污染企业。持续推进工业企业提标改造，重点行业执行国家大气污染物特别排放限值；到 2020 年，20 蒸吨及以上在用燃煤锅炉达到超低排放要求。化工、建材、燃煤火电等大气重污染企业实施实行错峰生产，冬防期重污染气象条件下实施限产减排。

加强化工、机电、建材等重点行业无组织排放废气综合整治，督促工业企业落实密闭、围挡、遮盖、清扫、洒水等措施，重点大气污染型企业应全面落实在线监测，确保工业废气污染物稳定达标排放。加快实施化工、医药、包装印刷、建材及家具制造、表面处理及表面涂装、纺织印染等挥发性有机物重点治理工程，逐步实现挥发性有机物综合治理行业全覆盖。

六、推进磷石膏综合利用，加强渣场、尾矿库、垃圾填埋场环境管理

利用磷石膏、水泥资源，开发石膏板、石膏砖、纤维水泥夹心板、矿棉吸声板、建筑砌块等新型绿色建筑材料，设立磷石膏综合利用专项补助资金，加快推进磷石膏综合利用工作，力争到2020年全市磷石膏综合利用率达到65%以上。开展尾矿库、磷石膏渣场专项整治和规范化管理，推广实施尾矿库充填开采等技术，建设一批“无尾矿山”（通过有效手段实现无尾矿或仅有少量尾矿占地堆存的矿山）。对服务期满的尾矿库、磷石膏渣场实施生态复垦，强化尾矿库及渣场环境风险管理，避免产生二次污染及地质灾害。

开展黄家湾垃圾填埋场封场期生态复垦，加强孙家湾垃圾填埋场、马家湾垃圾填埋场等运营中的垃圾填埋场环境管理及风险防范，对填埋区及时覆盖，做到雨污分流、清污分流，做好场区防渗及地下水监测，妥善处理填埋区排气，强化垃圾准入，采用先进的工艺技术开展垃圾渗滤液处理处置，确保稳定达标排放。

第五节　生态环境重点治理区环境规划指引

生态环境重点治理区主要包括农业生产区与黑臭水体分布的区域（运河、沙河、牌坊河、柏临河、黄柏河、紫阳河、卷桥河、联棚河等），其中，农业生产区主要分布在点军区土城乡、艾家镇、联棚乡、桥边镇以及西陵区、伍家岗区和猇亭区交界处的农村地区、城郊接合部（如窑湾街道、虎牙街道、古老背街道、云池街道等）；黑臭水体在五个区内均有分布。生态环境重点治理区面积约为150.96 km^2，占中心城区国土面积的15%。该区域是中心城区环境污染较突出、需对生态环境开展重点治理的区域，应重点开展黑臭水体综合治理与生态修复、农业面源污染综合防治等。

一、农业生产区环境治理规划指引

结合全国农业污染源普查，摸清农业污染源结构、总量与分布，科学推进农业面源污染治理，逐步构建基于环境资源承载力的农业绿色发展格局。推广农业循环实用技术，推进农业废弃物的资源化和产业化，大力发展生态循环农业；普及测土配方施肥，推进精准施肥，不断调整化肥使用结构，改进施肥方式，示范有机肥、绿肥、秸秆还田等有机养分替代化肥技术模式，在点军区等主要农业生产区建设化肥农药减量增效市级示范点，推广冬闲田绿肥种植技术措施。持续抓好《农药管理条例》的贯彻实施，强力推行高毒农药禁限用和定点经营制度，推广使用高效、低毒、低残留农药新品种；大力推广生物防治，推广喷灌、滴灌，发展节水农业。积极发展无公害农产品、绿色食品、有机食品、地方标志农产品基地，保障食用农产品安全。坚持推广秸秆还田与保护性耕作技术，实现种地与养地有机结合，不断地提高耕地质量。

全面贯彻落实畜禽养殖“三区”划定和禁养区关停搬迁，深入推进畜禽养殖粪便、污水资源化利用，推广室外生物发酵床等污染综合治理技术，提倡适度养殖，构建种养平衡、农牧循环的可持续农业发展新格局。强化规模养殖企业主体意识，充分发挥业务部门的技术指导作用，科学确定“一场一策一方案”的技术路线与工艺方案。推行粪污全量收集还田利用、固体粪便堆肥利用、粪水肥料化利用、畜—沼—菜（果、茶、粮）等模式，提高畜禽养殖废弃物的利用效益。农村地区散户养殖规模原则上控制在5头猪（当量，年存栏量）/户以内，限制养殖区、适宜养殖区内环保配套设施健全、可实现种养平衡、污染物零排放的专业养殖户可适当放宽养殖规模限制要求。

巩固中央环保督察成果，取缔江河湖库天然水域网箱围网养殖。加大江河湖库日常巡查力度，严防围栏围网反弹，禁止湖库投肥养殖。推进长江流域水生生物保护区全面禁捕，严厉打击“绝户网”“电毒炸”等破坏水生生物资源的捕捞行为，保护渔业水域生态环境。开展水产养殖环境综合整治，贯彻落实水域滩涂养殖规划，规范水产养殖行为。

在重点流域选择边界清晰的小流域为整体单元，开展农业面源污染监测，探索典型流域农业面源污染综合治理方法，因地制宜地制订治理方案，探索新技术、新模式集成创新，引导带动区域农业面源污染治理工作。

加强农村环保基础设施建设，深入推进农村环境综合整治。实行农村生活污水处理设施统一规划、统一建设、统一管理，积极推进城镇污水处理设施和管网向集镇、城郊接合部延伸，完善以上区域生活污水收集管网和污水处理设施；居民分散的农村地区

（如点军区土城乡、艾家镇、联棚乡、点军街道的紫阳村和牛扎坪村；伍家岗区南湾村、猇亭区高湖村、福善场村等）因地制宜地建设分散式清污分流制污水处理设施，尾水经生态湿地、氧化塘、自然隔离带等系统进一步净化后就地回用；加强农村生活垃圾收集转运体系建设，加强对农业固体废物（如废弃果蔬、废农膜、废弃农业包装物等）的收运和规范化处置，禁止随意倾倒；将农村地区逐步纳入城市生活垃圾收集范围，生活垃圾及农业固体废物及时清理和处置。开展河道、塘、堰、沟渠清淤疏浚，加强农村饮用水水源地保护、生活垃圾收运及处置，实施农村清洁工程，建立环保设施运行长效机制。禁止农作物秸秆、农业废弃包装物、农村生活垃圾等固体废物露天焚烧，实施推进秸秆高值化和产业化利用。实行农村环境综合整治目标责任制，集中整治存在突出环境问题的村庄和集镇，推进农村生产生活方式转变，促进农村环境质量不断改善。

加强秸秆的综合利用和氨排放控制。建立网格化监管制度，在夏收和秋收阶段开展秸秆禁烧专项巡查，严防因秸秆露天焚烧造成区域性重污染天气。坚持堵疏结合，加大政策支持力度，全面加强秸秆综合利用。控制农业源氨排放，减少化肥农药使用量，增加有机肥使用量，实现化肥农药使用量负增长；强化畜禽粪污资源化利用，改善养殖场通风环境，提高畜禽粪污综合利用率，减少氨的挥发排放。

二、黑臭水体综合整治规划指引

加强建成区地表水体质量识别判定，健全地表水环境台账，完善黑臭水体档案，按照“一水一策”的原则，编制实施超标水体整治方案；对中心城区运河、沙河、云池河、牌坊河、柏临河、黄柏河、紫阳河、卷桥河、联棚河等不达标水体的整治方案进行深化、完善，同步开展河道生态修复、岸坡景观规划建设。

全面核查建成区河道两侧排放口位置、排放量，查清排放口类型、污水来源和存在的问题，健全排放口台账。因地制宜地采取封堵排放口、改造排水管道、敷设截污管道、设置调蓄设施等措施，对排放口实施系统整治；不定期对保留的雨水排放口水质进行抽查监测，确保污水不混接入雨水排放口。

持续做好河道两岸违法设施、养殖区和种植区的清理，加强河道及两岸垃圾清理、收集、转运监督管理。进一步强化工业企业排污许可管理，工业企业废水符合达标排放标准后方可接入市政污水管网。依法采取限期整改、限产限排、停产整顿、行政处罚等措施，加大对工业企业违法排污、超标超量排放等日常监管与查处工作力度。对工业、建筑、医疗、餐饮、洗车等企事业单位、个体户商户污水排放实行严格的排污许可制度，加强日常监管并加大查处力度，消除雨污混排情况。

重点加强柏临河、五龙河、联棚河、沙河、桥边河、牌坊河、善溪冲等流域畜禽养殖污染治理和动态核查监管，巩固禁养区畜禽养殖场（户）关闭或搬迁治理成果，加强对限养区内畜禽养殖生态治理工作的指导，督促畜禽养殖场完善配套粪污收集、处理和利用设施建设。

开展排水管网专项治理。对城区排水管道及检查井全面实施健康检测和缺陷评估，并对各类缺陷进行维修、改造，减少污水外渗或河水、地下水等倒灌。强化道路保洁作业管理，严禁将生活垃圾、餐厨垃圾、环卫清扫物、机扫残液等向雨、污水管道（管井）中倾倒，加强雨、污水管网运行维护。

持续推进水体内源治理。持续清理城市水体沿岸积存垃圾，做好河岸、水体保洁和水生植物、沿岸植物的季节性收割，及时清除季节性落叶、水面漂浮物，严厉查处向河流湖库倾倒垃圾、排放污水的行为。科学确定河道疏浚范围和疏浚深度，合理选择清淤方式，妥善运输和处置底泥，避免二次污染。

推进河流湖库生态修复和岸坡景观建设。因地制宜地选择岸带修复、植被恢复、水体生态净化等生态修复技术，恢复河道生态功能。对“三面光”硬质驳岸的非行洪排涝骨干河道，有计划地实施生态化改造。运用海绵城市建设理念，通过建设下沉式绿地、雨水花园、植草沟等，控制初期雨水面源污染，改善地表水体水环境质量。加强河道岸坡绿化和滨水空间的规划、建设和管护，营造良好的城市滨水空间。

推进水系沟通和活水循环。加强城市水系沟通，构建健康的水循环体系，恢复河道生态功能。充分挖掘城市河道补水水源并进行合理调配，加强补给水水质监测。城市建设严禁随意侵占河流湖库岸线和水域。

深入贯彻落实河（湖）长制，健全长效管护机制。中心城区水体河岸垃圾清理、河面清漂、沿岸种植清理、畜禽养殖清理、已投入运行截污管网、污水提升泵站、一体化处理设施等，要按属地原则纳入日常维护管理范围，明确相应的维护管理单位和具体管护职责，将专项维护经费纳入年度财政预算，建立相应的绩效评价体系并严格实施考核。中心城区水体全部纳入区级河（湖）长管理范畴，实行“一月一巡”制，对河流沿线工业企业排放口、易发生水质下降的河段、已取缔的违规种植区和违禁养殖区以及群众反映较为突出的区域，要加大巡查频次并有针对性地开展专项巡查。鼓励创新水体养护机制，积极推进水体养护市场化。

第十二章　规划实施保障措施

一、强化规划地位

《环境控规》经宜昌市环境保护委员会办公室组织的专家评审通过后，报市人民政府批准颁布实施，并报宜昌市人大常委会备案，由各区人民政府及宜昌高新区管委会组织实施。

《环境控规》的解释权属于宜昌市人民政府生态环境行政主管部门。《环境控规》一经批准，任何单位和个人未经法定程序无权变更。

有以下情形之一的，宜昌市人民政府可按照规定的权限和程序修编《环境控规》：（1）宜昌市环境总体规划发生变更，经评估，需修编《环境控规》的；（2）规划编制技术规范发生重大变化确需修编《环境控规》的；（3）规划年限期满，需修编《环境控规》的；（4）宜昌市人大常委会、宜昌市人民政府认为应当修编《环境控规》的其他情形。

二、促进多规合一

宜昌市中心城区环境控制性详细规划与宜昌市环境总体规划、环境功能区划、自然保护区与风景名胜区等各类自然保护地规划、经济社会发展规划、城乡规划、土地利用规划、资源开发与保护规划等进行了深入的衔接和融合。《环境控规》确定的生态功能分区、水及大气环境质量分区为国土空间规划、城乡控制性详细规划划分禁止建设区、限制建设区、有条件建设区和允许建设区以及优化调整城镇及产业布局提供了依据，可作为中心城区控制性详细规划编制的重要基础性文件，实现“二规合一”；《环境控规》确定的资源利用上线为科学编制水资源、能源及土地资源利用规划，提高资源集约高效利用水平提供了依据；《环境控规》制订的环境风险源管控对策为系统防控中心城区重大环境风险提供方向性指引；《环境控规》制订的城乡环境规划指引为乡镇、街道、工业园区、农业生产区以及生态保护重点区域准确把握区域生态环境功能定位，谋划和推进生态环保重点任务，推进基层产业绿色转型和高质量发展提供指导。

在宜昌市环境总体规划信息管理与应用系统平台基础上建设中心城区环境控制性详细规划信息管理子平台，并向市、区两级政府及相关部门开通，实现规划成果、环境空间信息数据资源的开放和共享，为规划及建设项目行政审批提供技术支持，并将规划要求落实到宜昌市中心城区的国土空间用途管制、经济社会发展及行业规划等各个领域，全面促进“多规合一”“多审合一”。

三、健全监管制度

建立健全生态环境空间、水以及大气环境质量分区管控、资源利用上线以及环境风险源管控的日常巡查、现场核查及分析报告等监管制度，重点对资源环境生态红线（即生态功能控制线、水及大气环境质量红线、资源利用上线）内规划、开发建设活动以及资源利用绩效水平进行督查、分析评估。地方各级党委和政府是严守资源环境生态红线的责任主体，应将《环境控规》作为相关综合决策的重要依据，履行好生态环境保护和节约资源的责任。各有关部门应按照职责分工，加强监督管理，做好指导协调、日常巡查和执法监督，共同落实规划要求。各区人民政府及宜昌高新区管委会应建立资源环境生态红线的硬约束机制，全面推进规划的贯彻落实。

四、严格责任追究

对违反《环境控规》相关要求、造成生态环境破坏、资源浪费的部门、地方、单位和有关责任人员，按照有关法律法规和《党政领导干部生态环境损害责任追究办法（试行）》等规定实行责任追究。对规划工作落实不力的，区分情节轻重，予以诫勉、责令公开道歉、组织处理或党纪政纪处分，构成犯罪的依法追究刑事责任。

五、实行信息公开

以宜昌市中心城区环境控制性详细规划信息管理子系统为依托，实现规划成果及环境空间信息数据的查询、分析，为规划和建设项目选址分析提供技术支持，服务于发改、经信、生态环境、自然资源和规划、林业和园林、水利和湖泊、农业农村、住建、城管、应急管理、旅游等相关部门。依托“市民 e 家”平台开发中心城区生态功能控制线、水及大气环境质量红线用户查询系统，并向市民开通，让资源环境生态红线制度广泛接受社会及群众的监督，形成部门、社会共享共治的全民参与格局。

六、实施评估考核

《环境控规》由各区人民政府及宜昌高新区管委会组织实施，规划颁布生效后，宜昌市人民政府每五年对规划的执行情况开展一次评估，及时掌握区域生态环境质量状况及动态变化，评估结果作为优化规划布局、考核各级党政领导干部的重要依据，并报宜昌市人大常委会备案。

第三部分
环境控制性详细规划编制经验与应用前景

第十三章　环境控制性详细规划特点、编制经验及应用方向

党的十九大把坚持人与自然和谐共生作为新时代坚持和发展中国特色社会主义基本方略的重要内容，强调要牢固树立社会主义生态文明观，推动形成人与自然和谐发展的现代化建设新格局。2018 年 4 月，习近平总书记视察湖北时指出：长江经济带的发展要确立生态优先的规矩，把修复长江生态环境摆在压倒性位置，“共抓大保护，不搞大开发”，倒逼产业转型升级，实现高质量发展。“构建并严守三大红线（生态功能保障基线、环境质量安全底线、自然资源利用上线），推动形成绿色发展方式和生活方式”是贯彻落实长江经济带生态优先、绿色发展、全面推进生态文明建设的重要举措，是打好长江保护修复攻坚战、全面持续改善长江流域生态环境质量、促进区域绿色发展的重要内容。

宜昌市中心城区位于宜昌市中心偏东南区域，南面、西面、北面三面环山，中部及东部为河谷平原，兼具“山、水、林、田、湖”的生态格局。长江自西北向东南穿城而过，沿线汇入下牢溪、黄柏河、桥边河、五龙河、运河、柏临河、善溪冲等多条河流。宜昌市中心城区包括西陵区、伍家岗区、点军区、猇亭区、宜昌高新区、夷陵区小溪塔街道等，是宜昌市政治、经济、文化中心，社会经济发展水平较高，城市发展呈“沿江带状多组团”的综合协同发展格局。

当前，宜昌市中心城区正处于构建长江宜昌段生态环境整体保护、综合治理、系统修复和科学试验体系的关键阶段，已进入全面优化调整经济结构和国土空间开发布局、实现新旧动能转换、推动高质量发展的关键期，生态环境质量总体呈改善趋势，但同时距离人民群众的期盼还有较大差距，生产空间布局不合理、资源能源消耗偏高、城市生态空间被逐步蚕食、生态系统功能退化、黑臭水体污染、机动车船污染呈加重趋势、环境空气质量改善较慢、局部区域环境风险隐患较大等突出环境问题依然存在。

为深入贯彻党中央、国务院、省委省政府关于生态保护红线以及“三线一单”（生态保护红线、环境质量底线、资源利用上线、环境准入负面清单）等文件的重要精神，全面落实《宜昌市环境总体规划（2013—2030年）》，建立健全宜昌市资源环境生态红线（资源利用上线、环境质量红线、生态功能控制线的统称）制度体系，宜昌市人民政府研究决定由市环境保护委员会办公室组织编制宜昌市中心城区环境控制性详细规划。生态环境部环境规划院、宜昌市环境保护研究所组成规划编制技术组，共同承担了《宜昌市中心城区环境控制性详细规划（2018—2030年）》的编制任务。

规划编制技术组以《环境总规》为基本依据，结合中心城区自然生态环境特征及保护要求、经济结构、生产和生活空间布局、现状环境问题以及城市绿色可持续发展要求，科学确定了中心城区环境功能定位，划定了环境战略分区，对中心城区生态环境、水环境、大气环境空间分区管控边界进行核定，细化环境承载力上线，健全生态环境空间、水及大气环境质量分区管控制度；对资源利用和环境承载力上线进行合理细化，提出能源、水资源与土地资源开发利用的控制要求；从空间上全面排查环境风险源，分类制订针对性管控对策；结合环境战略分区，对重点区域制订环境规划指引。为全面推动中心城区绿色转型和高质量发展，本规划重点从强化生态环境空间分区管控、确立资源利用上线、优化国土空间开发布局、调整经济结构和能源结构、优化区域流域产业布局、控制和化解环境风险等方面制定了相应对策和指引方向。

第一节　规划功能、空间尺度、内容及深度探索

一、规划的功能定位

《环境控规》借鉴了城市规划“总体规划—详细规划”体系思路。在规划功能定位上，《环境控规》以《环境总规》等上位规划为基本依据，面向解决城市突出生态环境问题的实际需求，将发改、经信、自然资源和规划、生态环境、林业和园林、水利和湖泊、农业、应急管理等部门在生态环境保护、资源利用、风险防控等领域的基础数据、目标、管控要求予以系统整合，充分协调经济社会发展与生态环境保护的关系，着力构建系统科学、精细合理的城市绿色发展底线体系。

二、规划的空间尺度

在规划空间尺度上，《环境控规》以县级行政区为单位，重点对街办（乡镇）级城镇空间实施统一规划，重点区域细化到村（社区）级尺度。《环境控规》空间尺度介于城市总规与城镇地块控制性详规之间。

三、规划内容定位

在规划内容上，《环境控规》与城镇控制性详细规划存在本质差异。城镇控制性详细规划从城市建设出发，对开发建设活动的空间范围、规模、强度、设施布局、城市景观等予以控制，控制指标包括用地边界、开发强度、建筑密度和高度、容积率、绿地率、建筑体量、交通及市政工程管线布局等。《环境控规》从提升环境功能、改善环境质量、维护城市生态安全出发，重点对生态、水、大气等要素空间分区管控边界、开发活动类别、污染物排放等进行控制，对资源利用上线、环境风险提出管控要求，并对重点区域产业布局及结构优化调整、资源利用绩效水平、污染防治、环境风险防控、生态保护和修复等方面的提出主攻方向和主要任务，引导城市理性规划和绿色发展。《环境控规》构建了以生态功能分区管控、水及大气环境质量分区管控、资源利用上线为核心的环境空间管控、资源集约高效利用、环境风险防控、城乡重点区域环境规划指引的内容结构体系。

四、规划的深度

在规划深度上，《环境控规》聚焦城市中微观层面，从四大方面对《环境总规》进行深化和完善，着力提升规划的基础性、科学性、精准性、前瞻性和适用性。

1. 《环境控规》结合区域生态环境资源禀赋，生态空间、城镇空间和农业空间分布，产业结构和布局等，在《环境总规》基础上，准确确定中心城区环境功能，科学划定环境战略分区，建立近、中、远期规划目标及指标。

2. 《环境控规》重点对《环境总规》十部分内容进行了深化和细化，实现国土空间生态功能和环境质量分区管控、资源利用、环境风险等方面的精细化目标管理，具体包括：

（1）整合生态保护红线、生态功能控制线图形矢量数据，完善生态功能控制区保护类型，将生态保护红线区作为生态功能控制区的核心区域从严管控。

（2）收集城乡规划、土地利用规划、永久基本农田、各类法定自然保护地等空间规划的最新矢量数据，与城镇开发边界、永久基本农田边界相衔接，将城镇空间、农业空间等合法开发建设区域纳入生态功能绿线区，提高生态功能分区的科学性和准确性。

（3）对合法矿山和工业用地全面核查，核定生态功能分区地块清单、边界，建立法定制度与环境准入清单相结合的生态功能分区管控制度。

（4）核定工业园区、受体重要区、布局敏感区等大气环境质量分区地块边界，将居住、文教为主的人口集中区纳入大气环境质量红线区管理，细化完善大气环境质量分区管控制度。

（5）核定水环境控制单元清单和边界，完善水环境质量红线区、黄线区管控制度，并与国家水环境控制单元衔接；核定乡镇及以上集中式饮用水水源保护区边界，核查乡村分散式饮用水水源地位置及其隶属水环境控制单元，并纳入水环境质量分区体系。

（6）核定水及大气环境承载率，识别环境承载超标的区域，制订超载区域排放指标中长期减排目标计划。

（7）会同行业主管部门核定自然资源利用上线指标及规划目标，补充能源利用上线规划指标，完善资源节约集约高效利用政策引导。

（8）全面筛查重点环境风险源，制订全过程、分行业的环境风险源管控对策。

（9）从强化规划地位、促进多规合一、健全监管制度、严格责任追究、实行信息公开、实施评估考核六个方面健全规划执行保障制度。

（10）规范化制图，图形精度、坐标系、比例尺、数据格式等与土地利用规划统一，图形矢量数据与土地利用规划无缝对接。

3. 全面排查突出生态环境问题，确定生态环境管控重点区域，结合生态、水、大气环境分区管控制度以及资源利用上线要求，建立重点区域环境规划指引，将生态环境保护的目标和重点任务分解到乡镇（街道）和村庄（社区）。

4. 《环境控规》以保障制度、技术手段为支撑，建立健全规划执行保障机制，下一步通过开发《环境控规》信息管理与应用系统，为规划应用提供技术支撑，保障规划有效落实。

第二节　规划编制方法

为科学指导《环境控规》编制，宜昌市 2017 年印发《宜昌市环境控制性详细规划编制技术指南》（以下简称《技术指南》），2018 年 3 月对《技术指南》及时修订。

《技术指南》以《环境总规》和《宜昌市地表水、环境空气、声环境功能区划分类别方案（修订）》为基础，以《“生态保护红线、环境质量底线、资源利用上线和环境准入负面清单”编制技术指南（试行）》（以下简称《“三线一单”技术指南》）为基本方法，深入吸收《生态保护红线划定指南》《重点生态功能区产业准入负面清单编制实施办法》《湖北省生态保护红线划定方案》等技术规范及文件要求。《技术指南》延续了《环境总规》分区命名，按照“三线一单”技术方法对国土空间分生态、水、大气三要素分别确定了控制区和红线区（优先管控区）、黄线区（重点管控区）、绿线区（一般管控区），将生态保护红线区作为生态功能控制区的核心区域从严管控；充分考虑了管控单元要素、属性、边界和管理要求的差异，实现对城市全域生态、水、大气分要素分区分类科学精准管理；建立法定制度和正、负面清单相结合的环境准入清单制度，结合地方实际制定资源利用上线和环境风险防控对策。结合环境战略分区和规划目标，以环境功能和问题为导向制订重点区域环境规划指引。

按照《“三线一单”技术指南》的要求，“三线一单”成果内容包括：生态环境基础，编制总则，生态保护红线，生态空间，大气、水、土壤的环境质量底线，污染物允许排放量和重点管控区，资源利用上线及重点管控区，环境管控单元，环境准入负面清单，“三线一单”信息管理平台等内容。

《环境控规》以“三线”为核心建立生态环境保护空间规划体系，与“三线一单”内容体系相比，主要有以下区别：

一是规划文本内容增加了环境功能定位、环境战略分区、规划目标及指标、环境风险源管控、重点区域环境规划指引、规划实施保障制度等内容，缺少土壤环境风险管控底线和环境综合管控单元；

二是对全域进行生态功能分区，划分为四个管控等级，填补了“三线一单”体系中生态保护红线区以外的国土空间生态功能分区管理的空白；

三是依据水环境功能区划、水质现状评价等开展水环境质量分区，水环境控制单元划分更加精细、合理；

四是结合地方实际，将大气、水环境质量分区中部分重点管控区（如受体重要区、布局极敏感区等）实行提级管理，纳入红线区，从严管控；

五是注重规划指标、管控政策刚性与弹性相结合，融合法定制度、部门规章、环境准入正（负）面清单，结合地方实际，统筹重点生态功能区产业准入负面清单建立生态环境空间分区管控制度。

第三节　规划编制经验

一、研究出台《环境控规》编制技术指南

结合《环境总规》规划结构，深入吸收生态保护红线、“三线一单”、产业准入负面清单等编制技术，研究出台了《技术指南》，指导规划科学编制。《技术指南》对国土空间分生态、水、大气三要素分别确定了控制区和红线区（优先管控区）、黄线区（重点管控区）、绿线区（一般管控区），结合宜昌市环保工作需求，优化分区方法，细化各环境要素分区分类管理思路，详细规定了规划编制内容及深度。同时，规划编制技术组与省“三线一单”技术组展开了多轮对接，基本实现规划成果与宜昌市“三线一单”成果的有机融合。

二、深入开展规划协调性研究，注重规划成果应用

《环境控规》编制中与《环境总规》、环境功能区划、湖北省生态保护红线划定方案、经济社会发展规划、城乡规划、土地利用规划、能源发展规划、资源开发与保护规划、环境保护规划等规划进行了深入衔接、融合；吸收了集中式饮用水水源保护区、各类自然保护地、土地利用总体规划、城镇及村庄规划、永久基本农田等规划最新数据成果，按照相关技术原则对生态、水、大气环境分区边界进行了优化核定。规划成果为国土空间科学分区以及优化调整城镇及产业布局提供了依据，有利于参与“多规合一”。

三、高度重视基层调研和技术研讨，广泛深入吸纳各界意见

规划在编制过程中共开展座谈、技术研讨十余次，向区政府、市直相关部门开展了4轮意见征求，并咨询了国家、省、市级环境规划、自然资源和规划、林业和园林、水利和湖泊等相关行业专家意见。规划编制中，技术组共收集各部门、单位、专家学者意见104条，对所有意见逐一研究并反馈，采纳64条、部分采纳12条、未采纳28条，规划成果得到了社会各界的广泛认可。

四、多方参与，着力提高规划成果精准性和可操作性

积极发挥行业主管部门的专业优势和地方政府的基层优势，在规划编制中深入开展

部门合作。规划编制技术组会同自然资源和规划部门共同核定城镇规划区、永久基本农田、工业园区、合法矿山和工业用地边界；会同林业和园林、农业农村、水利和湖泊等部门核定各类自然保护地、饮用水水源地清单及边界；会同发改、自然资源和规划、水利和湖泊等部门共同研究确定资源利用上线的指标和目标；会同基层政府和应急管理、经信、住建等部门共同排查重点环境风险源，研究制订环境风险源管控对策；广泛听取基层政府、工业园区管委会以及农业农村、城管、住建等部门单位意见，找准各地的突出生态环境问题，在编制重点区域城乡环境规划指引中充分吸收各方意见，极大提高了指引政策的准确性和针对性。凝聚多方智慧的规划成果对城镇及村庄规划科学编制提供了重要依据，对各级政府部门准确把握各地生态环境功能定位、谋划和推进生态环保重点任务、推进基层产业绿色转型和高质量发展具有重要的指导意义和参考价值。

五、健全保障机制，维护规划的权威性和严肃性

规划通过宜昌市人民政府批准后实施，报市人大常委会备案，由各区人民政府和宜昌市高新区管委会组织实施，任何单位和个人不得随意修改规划内容。通过强化规划地位，保障了规划执行过程中的法律有效性和稳定性，有力地维护了规划的权威性和严肃性。

六、开发信息管理与应用平台，实现成果共享

规划在编制过程中，同步研发《环境控规》信息管理与应用系统，建立规划成果数据应用平台。该平台面向市、区、乡镇（街道）三级政府部门开通，为规划及建设项目行政审批提供技术支持，有利于将规划要求落实到不同层级生态环境保护、经济社会发展决策、国土空间用途管制、城乡规划和行业规划等领域。

第四节 规划的应用方向

一、为开发建设活动科学选址提供精准指导

《环境控规》信息管理与应用系统平台的建立将为规划成果的应用铺平道路，实现规划成果数据共享，并促进本规划与各部门规划的协调融合。在规划及建设项目行政审批之前开展用地选址与规划相符性分析、排污口布局及排污量合理性分析、资源利用上

线查询，快速准确预判资源环境生态制约因素，为土地开发规划及项目建设科学决策提供依据。

二、参与和完善国土空间规划“双评价”

目前，国土空间规划的编制主要依据资源环境承载能力和国土空间开发适宜性评价（以下简称“双评价”），国土空间规划“双评价”的内容：一是单向评价，包含生态、土地资源、水资源、气候、环境、灾害、区位 7 类评价；二是集成评价（适宜性评价、承载规模评价），通过优先识别生态系统服务功能极重要和生态极敏感空间，基于一定经济技术水平和生产生活方式，确定农业生产适宜性和承载规模、城镇建设适宜性和承载规模；三是可选评价，主要包括海洋开发利用适宜性评价、文化保护重要性评价、矿产资源开发利用适宜性评价 3 类评价。

《环境总规》《环境控规》在编制过程中已完成市、县级城市尺度的大量基础性评价。其中，在生态评价方面完成生态系统服务功能重要性评价（含生物多样性维护、水源涵养、水土保持重要性）、生态敏感性评价（土壤侵蚀），缺少石漠化敏感性评价；在环境评价方面完成水及大气环境容量评价，缺少土壤环境容量评价；土地资源评价方面完成城镇建设功能指向的土地资源评价（坡度、高程、地形起伏度等）；水资源评价方面完成城镇建设功能指向的水资源评价（水资源总量）；适宜性评价完成了生态保护重要性评价，承载规模评价完成城镇建设城镇规模评价（土地资源、水资源约束下城镇建设承载规模）。除此之外，《环境总规》《环境控规》的基础性评价成果还包括大气污染物空间源头敏感性及聚集脆弱性评价、河流湖库滨岸带敏感性评价、水及大气环境承载率评价，利用了宜昌市地表水及大气环境功能区类别划分方案等成果，弥补了国土空间规划“双评价”内容体系的不足。

以上评价成果为科学地编制宜昌市中心城区国土空间规划发挥了重要的基础性支撑作用。

三、为科学编制国土空间规划及行业专项规划提供重要的基础数据

《环境控规》基础数据成果包括四大类，一是规划文本及清单数据，包括地块单元、管控对象清单、不同环境要素的管控政策清单等；二是基础图形数据，包括行政区域数字高程图、地形影像图以及各类自然保护地、子流域划分、水环境控制单元、集中式饮用水水源地、环境风险源等对象空间分布图；三是规划评价数据，包括水源涵养重要性、土壤侵蚀敏感性、土壤保持功能重要性等评价数据，水及大气主要污染物环境承

载率评价图，土地开发适宜性评价数据，生物多样性维护评价数据等；四是成果图数据，包括环境战略分区图，生态环境空间、水及大气环境质量分区管控图，重点区域环境规划指引图等。

四、为城市绿色发展提供生态环境领域的重要支撑

《环境控规》是对《环境总规》的全面深化和细化，为城市绿色发展、可持续发展提供了强有力的生态环境支撑，其作用主要体现在八个方面：一是确定了整个行政区域生态安全、环境质量、资源效率、公共服务四大领域的规划目标及指标；二是精准确定城市环境功能定位、环境战略分区，为科学划分城市分区提供了依据；三是生态功能分区制度约束和指引了国土空间开发规划布局，为划定国土空间禁止建设区、限制建设区、有条件建设区和允许建设区提供了相关依据；四是水及大气环境质量分区制度指引和优化了产业布局，强化了排污口、排污量的源头管控；五是资源利用上线引导产业转型升级、绿色发展，对控制资源消耗总量及区域排污总量、提升资源利用效率，促进产业低碳循环发展具有重要推动作用；六是环境风险源管控制度全面系统的制订了城市全域重大环境风险防控对策；七是重点区域环境规划指引明确了乡镇、街道、工业园区、农业生产区等微观区域环境功能定位、生态环保重点任务，指引国土空间详细规划、村庄规划、行业专项规划、社会经济发展规划遵循绿色导向；八是规划图形矢量数据打通了跨行业的技术瓶颈。